基于多雷达数据融合的空中目标探测成像技术

胡文华　薛东方　刘利民　著

东北大学出版社

·沈　阳·

ⓒ 胡文华 薛东方 刘利民 2025

图书在版编目（CIP）数据

基于多雷达数据融合的空中目标探测成像技术／胡

文华，薛东方，刘利民著. -- 沈阳：东北大学出版社，

2025. 6. -- ISBN 978-7-5517-3874-3

Ⅰ. TN958

中国国家版本馆 CIP 数据核字第 2025N52X42 号

内容简介

本书针对单基地 ISAR 成像的距离分辨率受发射信号带宽约束问题，研究基于多雷达数据融合的空中目标探测成像技术，较为系统地阐述了成像的基本原理、信号的稀疏表示、基于稀疏表示的多雷达信号互相干处理、基于稀疏贝叶斯模型的同视角多频带 ISAR 融合成像方法等内容。

本书可以为雷达信号处理领域的科研人员、相关领域的研究人员以及高等院校的人才培养提供智力支持，为雷达成像尤其是多雷达融合成像提供理论与方法支撑。

出 版 者：东北大学出版社
　　　　　地址：沈阳市和平区文化路三号巷 11 号
　　　　　邮编：110819
　　　　　电话：024-83683655（总编室）
　　　　　　　　024-83687331（营销部）
　　　　　网址：http://press.neu.edu.cn
印 刷 者：辽宁一诺广告印务有限公司
发 行 者：东北大学出版社
幅面尺寸：170 mm×240 mm
印　　张：8.5
字　　数：153 千字
出版时间：2025 年 6 月第 1 版　　印刷时间：2025 年 6 月第 1 次印刷
责任编辑：刘　莹　　　　　　　　责任校对：孙德海
封面设计：潘正一　　　　　　　　责任出版：初　茗

ISBN 978-7-5517-3874-3　　　　　　　　　　　定　价：50.00 元

前　言

逆合成孔径雷达（inverse synthetic aperture radar，ISAR）主要用于对远距离的运动目标进行高分辨成像，为目标的分类与识别提供丰富的信息，在军事和民用方面应用广泛。单基地 ISAR 成像的距离分辨率和方位分辨率分别受发射信号带宽和观测累积转角的约束，若通过发射大带宽信号和增加观测时间的方式来提高二维分辨率，则会造成雷达硬件系统复杂，制造成本高昂，而且运动补偿困难，进而导致成像分辨率提高的程度有限。多雷达数据融合成像技术利用放置在不同位置或工作在不同频带的多部雷达对目标进行观测，通过信号处理技术将多部雷达观测回波数据进行融合，得到等效更大带宽或更大视角的回波数据，可提高 ISAR 成像的二维分辨率。本书以稀疏表示理论为技术手段，针对同视角多频带条件下的 ISAR 雷达数据融合成像问题开展研究，提高成像的距离分辨率，可为空中目标探测成像技术提供理论和方法支撑。

本书共分 5 章。第 1 章阐述了多雷达数据融合成像技术的背景和意义，介绍了 ISAR 成像技术及融合成像技术的研究现状，总结分析了 ISAR 多雷达数据融合成像技术中存在的关键问题。第 2 章研究了 ISAR 成像原理及信号稀疏表示理论，阐述了 ISAR 成像基本原理及稀疏表示理论，并实验验证了基于稀疏表示的 ISAR 超分辨成像方法。第 3 章研究了基于稀疏表示的多雷达信号互相干处理方法，保证了多频带雷达信号的相干性，是后续进行多雷达数据融合成像的前提。第 4 章研究了基于稀疏贝叶斯模型的同视角多频带 ISAR 融合成像方法，验证了融合成像方法性能。第 5 章为总结与展望。

1

本书由陆军工程大学石家庄校区组织出版，由胡文华、薛东方、刘利民、徐艳、朱晓秀（32398 部队）、郭宝锋、李苗等撰写。

由于著者水平有限，本书中难免有不妥之处，敬请读者批评指正。

著 者

2025 年 2 月

于陆军工程大学石家庄校区

目　录

1

第1章 绪 论

◆ 1.1 研究背景和意义

逆合成孔径雷达(inverse synthetic aperture radar, ISAR)作为一种主动探测设备,通过利用成像技术对观测得到的运动目标回波数据进行处理,得到目标的高分辨率图像[1-7]。从 ISAR 成像结果中可以获取目标的尺寸大小及形状结构等信息,在军事和民用方面的应用广泛[8-14]。传统的 ISAR 二维成像通过发射宽带信号实现距离维分辨,利用雷达与目标之间的相对转动实现方位维分辨[15-18]。雷达成像的分辨率越高,越有利于后续对目标的分类与识别。因此,如何提高雷达成像分辨率,是研究 ISAR 高分辨成像技术的关键。

为提高 ISAR 成像的距离分辨率,传统的方法是通过升级雷达系统硬件来直接增加发射信号带宽,但这不仅对雷达系统的设计以及硬件技术要求较高,而且会增加雷达系统的复杂度以及制造成本,实现起来困难较大,导致距离分辨率的提升量有限[19-24]。现代的方法是利用信号处理技术,对工作在不同频带的多部雷达数据在信号域进行融合,得到合成的大带宽回波数据,可在不增加单雷达系统复杂度的情况下,等效增加发射信号带宽,达到提高距离分辨率的目的[25-29]。为提高 ISAR 成像的方位分辨率,通常增加对目标的观测时间,以增大观测累积转角[30-31]。但在较长的观测时间内,目标的散射特性变化较大,容易出现越分辨单元徙动现象,造成运动补偿困难等问题。另外,现代雷达通常具有多功能多模式协调工作的能力,这就要求雷达在进行成像的同时,往往需要不断切换雷达波束指向,以实现不同工作模式,导致雷达对单个目标的连续观测时间有限,制约了方位分辨率的提高[32-37]。多雷达系统利用放置在不同位置的雷达对目标进行观测,通过信号处理技术融合不同视角的观测回波数据，可得到等效的大视角单站雷达观测回波数据，进而提高方位分辨率[38-40]。

随着信息处理技术和雷达系统的发展，多雷达数据融合成像技术已经成为提高 ISAR 成像分辨率的一种重要手段。它通过放置在不同位置且工作在不同频带的多部雷达对目标进行观测，利用信号处理技术实现多雷达数据融合，可等效增大发射信号带宽和观测累积转角，进而提高成像的二维分辨率[41-43]。由于多部雷达各自的硬件系统和观测条件不同，接收到的回波信号往往是不相干的，若直接进行融合成像，将会影响成像质量，故在进行融合处理前，需要对多雷达信号进行互相干处理，以实现回波数据的相干性[44-47]。在保证多雷达数据相干性的前提下，选择合适的融合成像方法，是实现 ISAR 多雷达数据融合高分辨成像的关键。传统的 ISAR 融合成像方法主要基于谱估计类方法[48-50]，在准确估计目标散射点个数的前提下，可以获得较好的融合成像效果，但对于复杂目标或在低信噪比(signal-to-noise ratio, SNR)条件下，利用谱估计类方法准确估计目标散射点个数较为困难，将会影响融合成像质量。基于 ISAR 回波信号的稀疏性，信号稀疏表示方法被广泛地应用于 ISAR 成像，与谱估计类方法相比，稀疏表示类方法无须估计目标散射点个数，具有高精度和高稳健性等优势[51-53]。

基于此，本书以稀疏表示理论为技术手段，提高 ISAR 成像距离分辨率为目标，研究雷达多频段 ISAR 数据融合高分辨成像技术，打破了传统的单基地 ISAR 成像距离分辨率受累积转角的约束，具有广阔的应用前景。

◆◇ 1.2　国内外研究现状

1.2.1　ISAR 成像技术研究现状

ISAR 具有全天时、全天候、探测距离远、成像分辨率高等优点，可以提供丰富的目标信息，被广泛地应用于空间态势感知、弹道导弹防御和民航管制等领域。

20 世纪 60 年代初，美国率先对转台目标的二维成像技术进行了研究，成功地利用距离–多普勒(range-Doppler, RD)方法实现了 ISAR 成像。70 年代初，美国 Lincoln 实验室成功地研制了 ALCOR(ARPA-Lincoln C-band observables ra-

dar)[54]，见图 1-1(a)所示。ALCOR 的工作带宽为 512 MHz，距离分辨率达到 0.5 m，是世界上第一部宽带成像雷达。1973 年，为分析 Skylab 卫星的损坏程度，利用 ALCOR 对卫星实现 ISAR 成像，根据 ISAR 成像结果，找到了故障根源，并实现了故障修复[55]。图 1-1(b)为 Skylab 卫星的光学图像，图 1-1(c)为 ALCOR 观测得到的 Skylab 卫星的 ISAR 图像。ALCOR 的研制成功极大地促进了 ISAR 宽带成像技术的蓬勃发展。

| (a) ALCOR | (b) Skylab 的光学图像 | (c) Skylab 的 ISAR 图像 |

图 1-1 ALCOR 及 Skylab 卫星图像

由于 ALCOR 天线尺寸较小，仅能对低轨道近地空间目标进行成像，因此其应用场景有限。1978 年，为提高雷达成像的作用距离，美国对曾经研制的 Haystack 雷达进行了升级改造，能够对远至约 4 万 km 的目标进行成像[56]。1993 年，Haystack 辅助雷达——HAX 雷达被成功研制[57]，该辅助雷达工作在 Ku 波段，带宽为 2 GHz，大大地提高了距离分辨率。Haystack 雷达和 HAX 雷达的实物见图 1-2 所示。

为实现对微小空间目标的高分辨成像，Haystack 雷达再次被升级改造。2006 年，升级完成后的雷达被称为 Haystack 超宽带卫星成像雷达(Haystack ultra-wide band satellite imaging radar，HUSIR)[58]，能够对低轨卫星目标进行高分辨率成像，进一步地提高了目标成像的精细程度。图 1-3(a)为某卫星缩比模型图，图 1-3(b)为采用工作在 X 波段 1 GHz 带宽的 Haystack 雷达得到的成像结果，图 1-3(c)为采用工作在 W 波段 8 GHz 带宽的 HUSIR 得到的成像结果。对比图 1-3(b)和图 1-3(c)可以看出，随着带宽的提升，成像分辨率得到有效提高，目标结构特征更加清晰，细节信息更加丰富。

Haystack雷达
X波段
带宽1 GHz

HAX雷达
Ku波段
带宽2 GHz

图 1-2　Haystack 雷达和 HAX 雷达

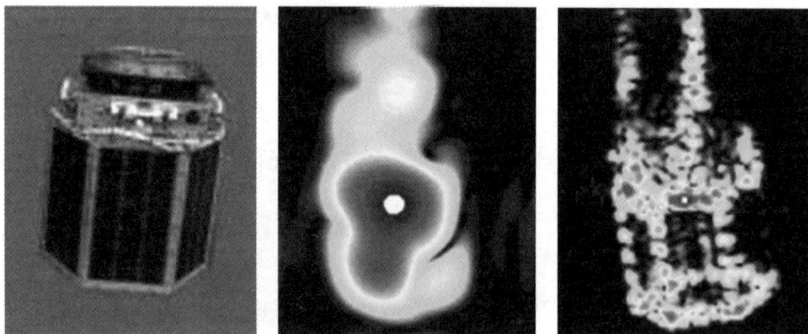

（a）卫星模型　　　　　　（b）Haystack 雷达成像结果　　　　　（c）HUSIR 成像结果

图 1-3　卫星模型及 Haystack 雷达和 HUSIR 的 ISAR 成像结果

1983 年，为测量弹道导弹的毫米波特性，美国建造了毫米波(milli-meter wave，MMW) 雷达系统[59]，见图 1-4 所示。MMW 雷达系统可工作在 Ka 波段和 W 波段，工作带宽均为 1 GHz，距离分辨率为 0.28 m。之后，MMW 雷达系统经过多次改造，最近的一次改造为 2012 年，改造后雷达 Ka 波段的工作带宽达到 4 GHz[60]，距离分辨率提升到 0.06 m，大大地增强了对弱小目标的检测效果。

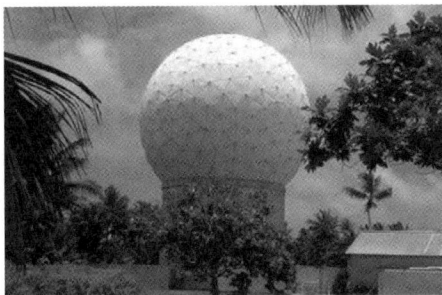

图 1-4 MMW 雷达系统

为发展导弹防御系统,美国将 X 波段地基雷达[61]列入战略防御计划,基于相控阵雷达进行了反导试验,能够区分弹头和诱饵,对目标进行精确摧毁。此外,美国还研制了海基 X 波段宽带相控阵雷达[62],成为导弹防御系统的重要组成部分。为了拓展成像应用场景,美国将雷达安装在可移动的舰船上,便于对弹道导弹等空中目标进行监测和成像。1981 年,美国在军舰"瞭望号"上装载了 Cobra Judy 雷达[63],见图 1-5(a)所示,该雷达可工作在 S 波段和 X 波段,利用两个波段的观测回波对导弹实现高分辨率成像,具有监视和预警能力。1996 年,美国又在"无敌号"上装载了便携式 Cobra Gemmi 雷达[57],见图 1-5(b)所示,该雷达系统同样具有 S 波段和 X 波段两个工作频段。2010 年,美国开始在"太平洋追踪者号"上装载 S/X 双波段雷达 XTR-1[64],见图 1-5(c)所示。该雷达可提供目标的 S 波段和 X 波段观测回波数据,便于在进行导弹防御系统试验时验证和评估试验效果。

(a)Cobra Judy 雷达　　　　(b)Cobra Gemmi 雷达　　　　(c)XTR-1

图 1-5 Cobra Judy 雷达、Cobra Gemmi 雷达和 XTR-1

德国研制了跟踪与成像雷达(tracking and imaging radar, TIRA)系统[65],见图 1-6(a)所示。该雷达系统采用宽窄结合的工作体制,分别利用 L 波段和 Ku 波段进行空间目标跟踪与成像。图 1-6(b)为利用 TIRA 系统得到的"和平号"

空间站 ISAR 图像，图 1-6(c) 为利用 TIRA 系统得到的航天飞机 ISAR 图像，从成像结果中可得到目标的形状尺寸及运动姿态等信息。2013 年，TIRA 系统对 ATV-4 航天器实现了高分辨成像，并根据 ISAR 图像结果对目标进行了故障检测[66]。

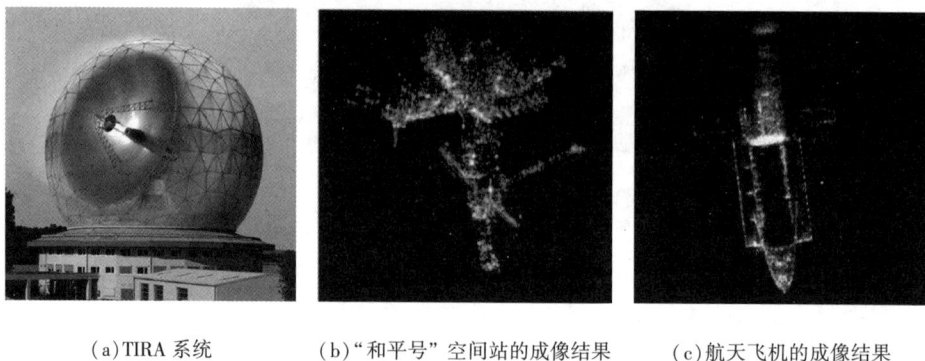

（a）TIRA 系统   （b）"和平号"空间站的成像结果   （c）航天飞机的成像结果

图 1-6　TIRA 系统及其获得的"和平号"空间站和航天飞机的 ISAR 成像结果

此外，俄罗斯、法国等国家也发展了相应的 ISAR 成像系统。例如，俄罗斯研制的 Ruza 雷达[67]，工作在 Ka 波段，完成了对空间目标的成像试验；法国和德国共同研制的机载 Ocean Master 系列雷达[68]，工作在 X 波段，具有先进的相控阵技术，可同时监测多达 20 个目标，既可实现海上多目标的监视和跟踪任务，又可对特定目标实现 ISAR 成像。

1986 年，北京航空航天大学率先研究了飞机和舰船等目标的缩比模型成像技术，得到了 ISAR 二维图像。随后，国内多家研究机构和高校相继开展了 ISAR 成像技术研究。1993 年，哈尔滨工业大学联合中国航天科工集团第二研究院第二十三研究所成功研制了 ISAR 成像系统，工作带宽为 400 MHz，并利用该系统开展了一系列空中目标成像试验，录取了多种飞机的实测数据。随后，由中国电子科技集团第十四研究所、中国电子科技集团第三十九研究所、国防科技大学和北京理工大学等单位联合研制的地基远程宽带成像雷达，可以实现对近地空间目标和弹道导弹的高分辨成像，是我国在空间目标 ISAR 成像方面的重要突破。进入 21 世纪后，我国大力发展空天目标监视技术，通过部署多部空天目标监视雷达，提高了对目标的监视能力。此外，以西安电子科技大学、北京理工大学和国防科技大学为代表的高校和以中国电子科技集团为代表的研究机构对 ISAR 成像原理和相关算法等理论进行了深入研究，并取得了重大进展，不断缩小了我国 ISAR 成像技术与世界先进水平的差距。

从国内外 ISAR 成像技术的发展历程来看，通过增加成像雷达的工作带宽，可在一定程度上提高 ISAR 成像结果的精细程度，但是目前，除美国外的其他国家对成像雷达的带宽提高程度并不大，因为它不仅需要高昂的制造成本，而且对雷达系统的硬件设计和制造要求很高，需要强大的科研团队支撑。此外，直接增加雷达工作带宽，仅能提高 ISAR 成像的距离分辨率，为了进一步地提升成像质量，还需要研究提高方位分辨率的方法。ISAR 多雷达数据融合成像技术通过融合多部雷达观测数据，利用信号处理技术实现高分辨成像，是提高 ISAR 成像二维分辨率的一种有效途径。

1.2.2　ISAR 多雷达数据融合成像技术研究现状

单站 ISAR 成像时，二维分辨率分别受雷达发射带宽和累积转角的约束，提升能力有限。为了克服单雷达成像系统的局限性，利用 ISAR 多雷达数据融合成像技术提高成像分辨率逐渐成为研究热点。

1.2.2.1　多雷达信号互相干处理方法研究现状

多部雷达由于放置在不同的空间位置，雷达与目标之间的距离差不同，而且工作在不同频带的雷达之间由于硬件差异，可能存在系统时间同步误差和系统初相差，这些因素导致多雷达回波数据之间的幅度和相位都可能存在差异[69]。由于多雷达数据融合成像是基于相参处理的融合方式，所以在进行融合成像前，必须进行多雷达信号互相干处理，以保证各雷达数据的相干性。多雷达信号之间的幅度差异通常由系统增益差异引起的常数乘积因子决定，可利用归一化等方式处理，且幅度差异对最终成像质量的影响较小。相比于幅度差异，多雷达信号之间的相位差异是影响后续融合成像质量的主要因素，因此多雷达信号互相干处理的关键在于研究非相干相位的估计与补偿方法。

美国 Lincoln 实验室的 Cuomo 等人[70]认为，不同子频带回波之间相差一个非相干线性相位项和一个非相干固定相位项，为了估计非相干相位，首先通过子频带频谱外推得到重叠频带，然后构造与非相干相位有关的代价函数，利用最小均方误差准则求解非线性优化问题，进而得到线性相位项和固定相位项的估计值。但该方法不仅在频谱外推过程中容易引入误差，而且在求解优化问题时容易陷入局部最小值，使得非相干相位的估计精度受到影响。Vann 等人[71]在 Cuomo 等人的研究基础上，进一步地详细分析了多种成像场景下存在非相干相位的原因及补偿方法，并将研究成果写入了科技报告。借鉴空间谱估计技术，王成[72]建立了多雷达信号幅相误差估计的数学模型，提出了基于快速求根多重信号分类(root multiple signal classification，Root-MUSIC)算法和基于最小二乘旋转不变估计信号参数(estimation of signal parameter via rotational invariance techniques-least square，ESPRIT-LS)算法的幅相误差补偿参数估计方法，能够较好地完成相干补偿。但这两种算法仍利用了多雷达信号之间的重叠频带数据，若多雷达信号之间的工作频带不重叠，则需提前进行频带外推得到重叠频带，容易引入外推误差，限制了算法的应用范围。为了避免重叠频带的条件限制，减少数据外推带来的误差，他们又提出了基于最小熵准则的相干补偿方法，利用二维优化搜索来求解非相干相位。为了消除对各雷达观测数据分别建模过程中引入的建模误差，同时避免重叠频带的条件限制，文献[73]提出了一种基于数据相关的相干配准算法，先利用一维距离像相关法求解非相干线性相位项，再通过定义相干函数进行全局搜索求解非相干固定相位项，提高了非相干相位的估计精度。为降低算法对噪声的敏感度，文献[74]利用信号的相参积累效应，在一维距离像相关法中结合最小熵准则估计非相干线性相位项，利用非线性最小二乘拟合算法求解相干函数估计非相干固定相位项，进一步地提高了非相干相位估计的精度和鲁棒性。

与基于重叠频带和一维距离像相关的非相干相位估计方法不同，传统的多雷达信号互相干处理方法大多基于全极点模型，利用各子频带的极点信息差异估计非相干相位。文献[75]将子频带回波建立为全极点模型，通过利用改进的Root-MUSIC算法和最小二乘方法，分别估计模型极点和散射中心幅度，非相干线性相位项和固定相位项可分别由各子频带极点和散射中心幅度之间的相位差异求得。在SNR为20 dB时，图1-7分别给出了相干处理前后各频带信号的一维距离像，从结果中可以看出，在准确估计极点的基础上，利用该方法能够较好地实现非相干相位的估计与补偿。然而，在低SNR条件下，利用改进的Root-MUSIC算法对极点的估计精度容易受噪声的影响，甚至导致各子频带的极点无法一对一匹配，进而影响非相干相位的估计精度。

在低SNR条件下，由于矩阵束算法比Root-MUSIC算法具有更好的抗噪性能，文献[76]采用矩阵束算法估计全极点模型中的参数，提高了估计精度的稳健性。文献[77]提出了一种基于有效特显极点和同一旋转中心的互相干处理方法，采用酉ESPRIT算法估计各子频带信号的极点，在提高参数估计精度的

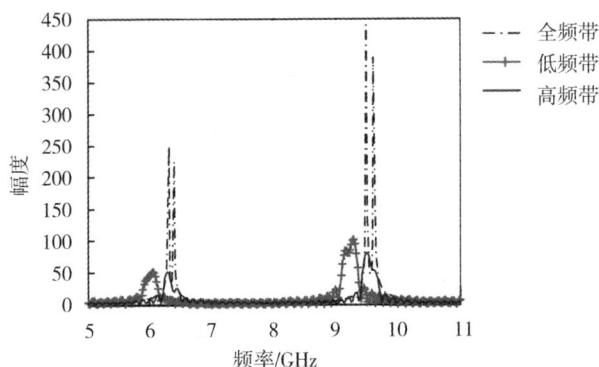

（a）相干处理前的一维距离像

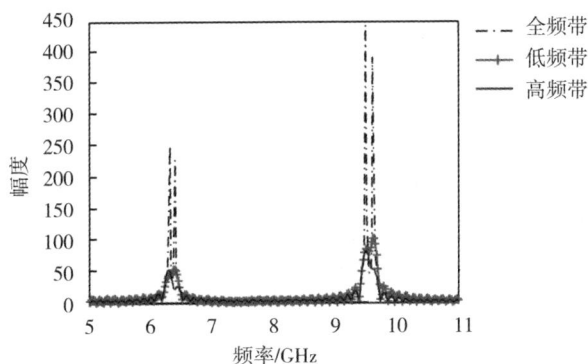

（b）相干处理后的一维距离像

图 1-7 相干处理前后的一维距离像[75]

同时，具有更好的抗噪性能；为减小噪声的影响，从估计出的极点中提取有效特显极点估计非相干线性相位并补偿，再对各子频带信号基于同一旋转中心进行相位自聚焦处理，实现非相干固定相位的补偿，得到相干信号。图 1-8（a）给出了采用该方法实现非相干线性相位估计的均方根误差（root mean square error，RMSE）随着 SNR 变化曲线，可以看出，与一维距离像相关法和利用所有极点信息的传统全极点模型方法相比，采用酉 ESPRIT 算法估计极点并提取有效特显极点信息估计非相干线性相位的方法具有更强的鲁棒性。图 1-8（b）和图 1-8（c）分别给出了非相干相位补偿前后各频带信号频谱的实部结果，可以看出，经非相干相位的估计与补偿后各子频带的信号是相参的，体现了算法的有效性。

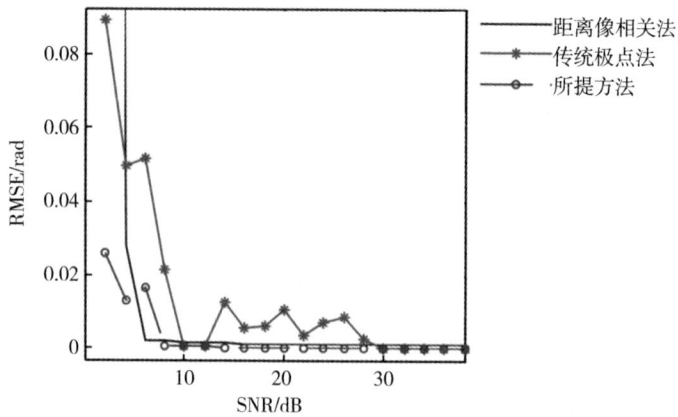

（a）线性相位估计的 RMSE 随着 SNR 变化曲线

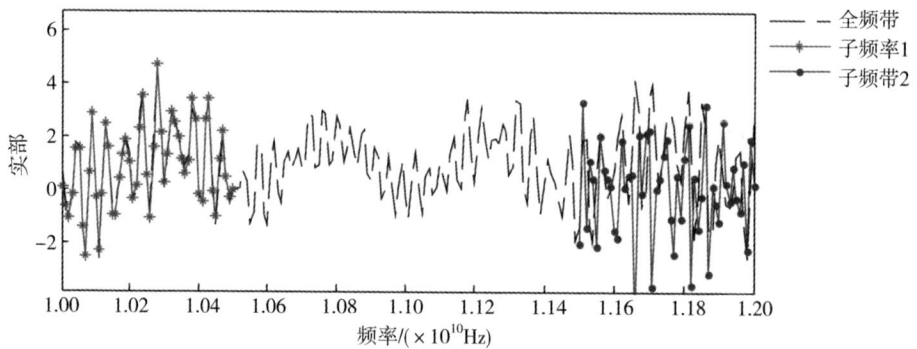

（b）非相干相位补偿前的信号频谱

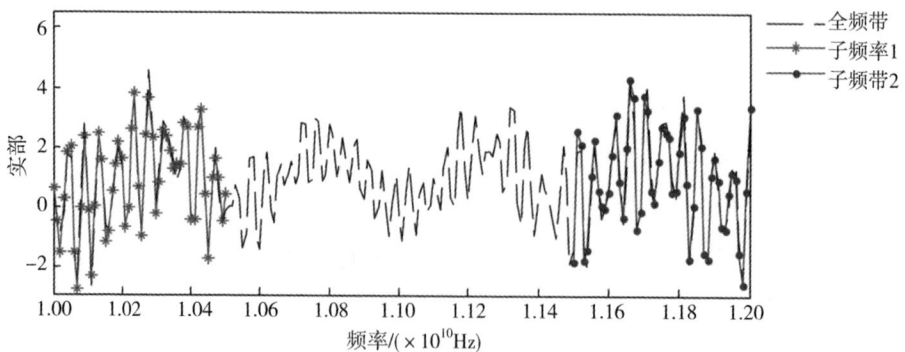

（c）非相干相位补偿后的信号频谱

图 1-8　线性相位估计误差及相干处理前后的信号频谱图[77]

基于全极点模型的互相干处理方法的关键在于准确估计模型极点，而且各子频带的模型极点需要与目标散射中心一对一匹配。然而，当复杂目标的散射中心个数较多时或在低 SNR 条件下，准确估计散射中心个数十分困难，此时，若仍采用基于全极点模型的多雷达信号互相干处理方法，则可能存在较大的误差。由于多雷达信号互相干处理时的幅相补偿参数是唯一的，满足稀疏性要求，所以可利用稀疏表示理论实现非相干相位的估计与补偿。基于稀疏表示的互相干处理方法无须频带外推得到重叠频带信号，也不需要估计散射中心个数，就能够得到更高精度的参数估计，且在低 SNR 条件下，算法性能更加稳健。文献[78]通过建立互相干处理字典，将多频带信号互相干处理问题进行稀疏表示，利用基追踪(basic pursuit, BP)算法实现稀疏重构，得到非相干相位估计值，可通过细化字典的离散化程度来进一步地提高相位估计精度。为减小网格失配带来的影响，文献[79]提出了一种基于局部网格细分的稀疏贝叶斯学习(local grid subdivision sparse Bayesian learning, LGS_SBL)算法，用于求解非相干相位。图 1-9(a)~(c)分别给出了利用文献[70]中所提的经典互相干处理算法、文献[76]中所提的矩阵束算法和文献[79]中所提的 LGS_SBL 算法进行相位校正后的子频带信号和原始子频带信号的一维距离像结果。从图 1-9 中可以看出，三种算法都能基本实现非相干相位补偿，但利用 LGS_SBL 算法对非相干相位的估计更准确，进行相位校正后的子频带 2 的一维距离像与子频带 1 基本完全吻合，且散射点的幅度均与设定值保持一致，体现了利用稀疏表示方法实现多雷达信号互相干处理的优越性。

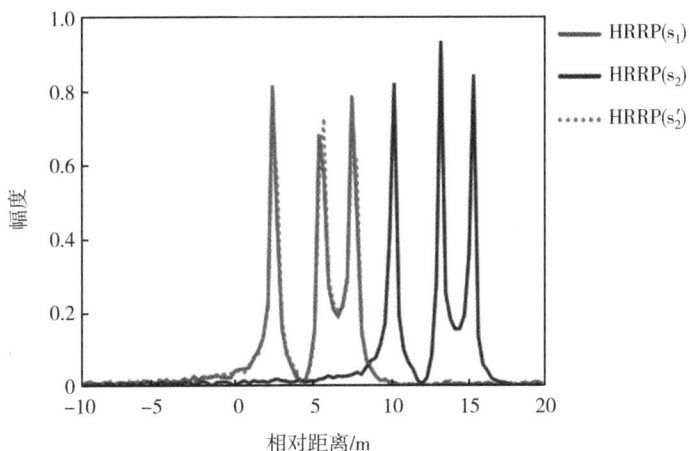

(a)经典互相干处理算法

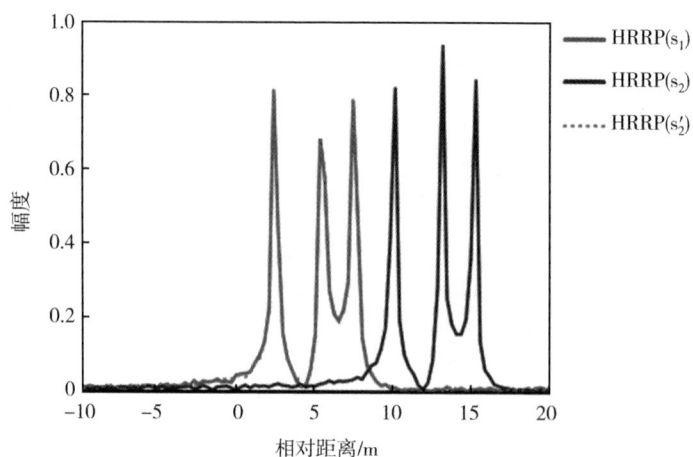

（b）矩阵束算法

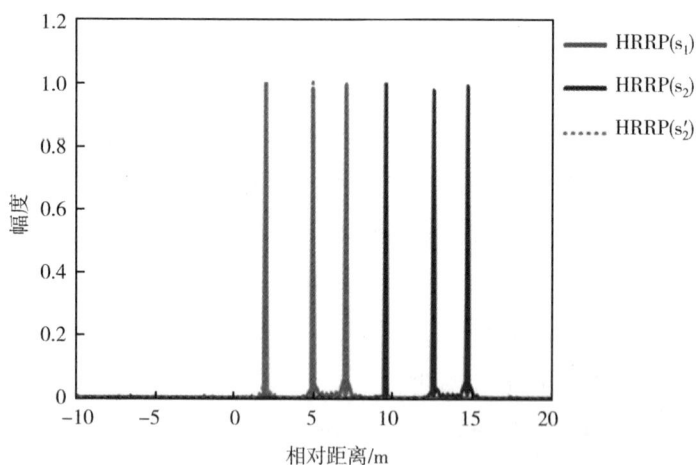

（c）LGS_SBL 算法

图 1-9　相位校正后的子频带信号、原始子频带信号的一维距离像[79]

1.2.2.2　同视角多频带 ISAR 融合成像方法研究现状

提高 ISAR 成像距离分辨率最直接的方法是雷达发射大带宽信号，但是这不仅需要投入高昂的制造成本，而且对雷达系统的硬件设计复杂度和硬件制造工艺都提出了很高要求。同视角多频带 ISAR 融合成像技术利用邻近配置的多部工作在不同频带的雷达同时观测目标，忽略雷达回波视角间的差异，通过信号处理方法将各雷达接收的观测回波数据融合成一个大带宽的回波信号，有效地避免了研制超大带宽雷达系统面临的高昂成本和设计难题，成为提高雷达距离分辨率的一种有效途径。

美国的 Lincoln 实验室最早开始研究多频带融合成像技术，Cuomo 等人在文献[70]中提出了利用多个稀疏子带观测回波进行融合成像的方法。图 1-10 给出了利用带宽均为 1 GHz 的两个子频带回波融合得到带宽为 6 GHz 的数据成像结果，体现了利用多频带融合成像方法提高成像分辨率的可行性。随后，他们在文献[80]中介绍了多频带融合成像技术在弹道导弹防御系统中进行真假弹头辨识的应用。除此之外，Mayhan 等人[81]在获得 ISAR 二维图像的基础上，利用极点关联法，可得到散射点的三维位置信息。

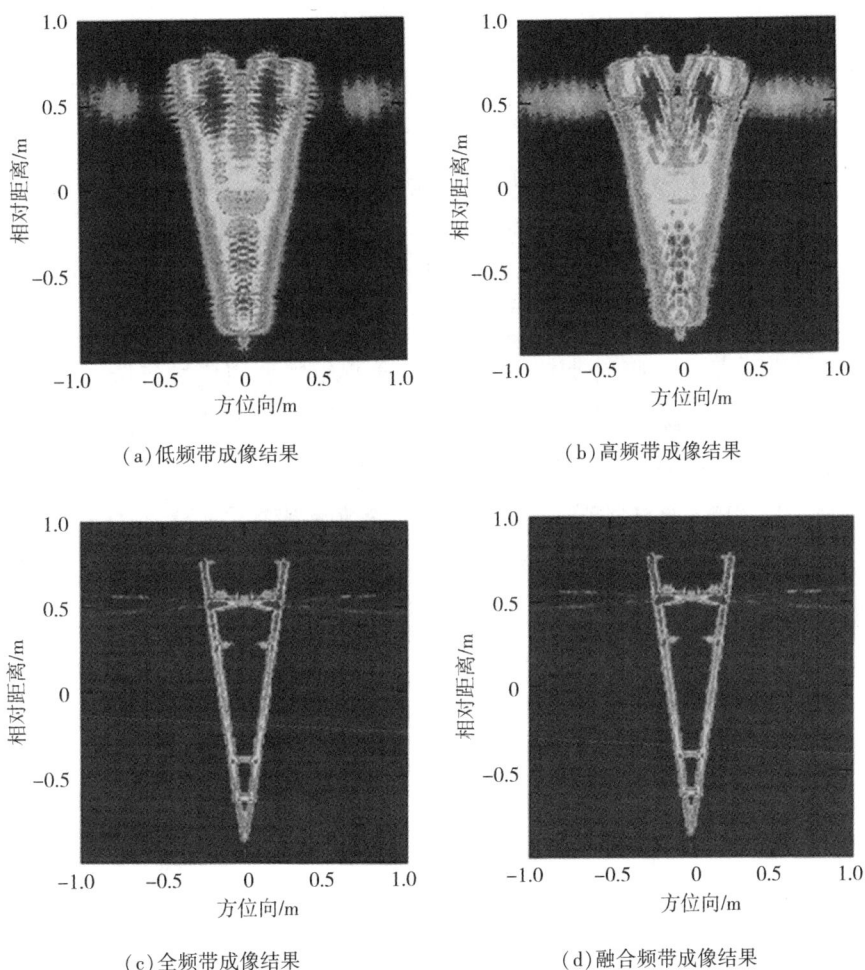

（a）低频带成像结果　　　　　　　　（b）高频带成像结果

（c）全频带成像结果　　　　　　　　（d）融合频带成像结果

图 1-10　Lincoln 实验室多频带融合成像暗室实验结果[70]

除了 Lincoln 实验室，国外雷达成像领域的其他学者也对同视角多频带雷达数据融合成像技术展开了研究。同视角多频带雷达数据融合成像可视为利用少量的子频带观测数据重构得到全频带数据，从而提高距离分辨率。Högbom[82]利用 CLEAN 算法，成功地恢复出全带宽信号中的缺失频带数据，但该算法的估计精度不够高。Dorp 等人[83]在实现同视角多频带 ISAR 融合成像时，选择利用自回归（auto regressive，AR）模型对观测频带数据进行内插和外推，得到全频带数据，通过先方位压缩再距离压缩的成像流程，减小了频带融合误差对成像质量的影响。由于参数化谱估计算法中重构精度对模型误差较为敏感，所以一些非参数化谱估计算法也用于全频带信号重构中。Larsson 等人[84]利用缺失数据幅度相位估计（gapped-data amplitude and phase estimation，GAPES）算法，通过内插得到了一定条件限制下的缺失数据。Stoica 等人[85]提出了一种基于加权最小二乘的迭代自适应（iterative adaptive approach，IAA）方法，可在均匀或非均匀采样条件下，实现缺失数据重构。

与国外同视角多频带 ISAR 融合成像技术研究相比，国内的相关研究起步较晚。王成等人[86]利用非平稳时间序列方法进行回波数据建模，通过外推得到频带展宽的信号，但当频带间隔相差较大时，数据外推引入的误差较大，将会影响成像质量。为避免带宽外推，马俊涛等人[87]利用块稀疏迭代协方差估计方法，实现了稀疏频带融合成像。田彪等人[75]在进行子频带相干补偿后，利用 GAPES 算法对缺失频带数据进行填补，得到了全频带数据。X. R. Bai 等人[26]利用 GAPES 算法实现了空间高速目标稀疏频带融合成像。为充分挖掘复数观测数据信息，熊娣等人[88]提出利用观测数据及其共轭数据的酉 ESPRIT 方法实现多频带 ISAR 融合成像。图 1-11 为基于 Yak-42 飞机实测数据得到的多频带融合成像结果，分别采用 Root-MUSIC 算法和酉 ESPRIT 算法实现融合成像，体现了酉 ESPRIT 算法的优越性。然而，利用谱估计类方法补全缺失频谱数据实现融合成像时，对参数估计精度的要求较高，且估计精度易受噪声水平和数据缺失比的影响，限制了算法的应用。

随着稀疏信号处理技术的发展，稀疏表示理论和压缩感知（compressive sensing，CS）理论也被应用到同视角多频带 ISAR 融合成像中。杜小勇等人[89]将回波建立为稀疏表示模型，利用稀疏成分分析方法实现了一维距离像多频段融合成像。叶钒等人[90]将稀疏贝叶斯学习（sparse Bayesian learning，SBL）方法用于多频带信号融合，避免了估计模型阶数，但稀疏重构算法的计算量较大。

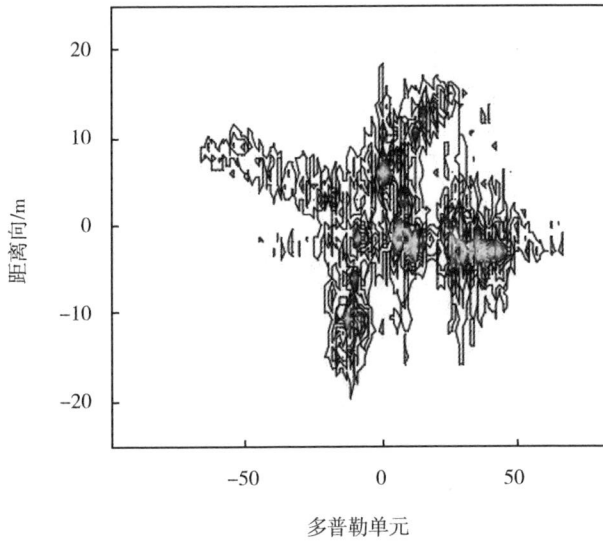

（a）子频带 1 的 RD 成像结果

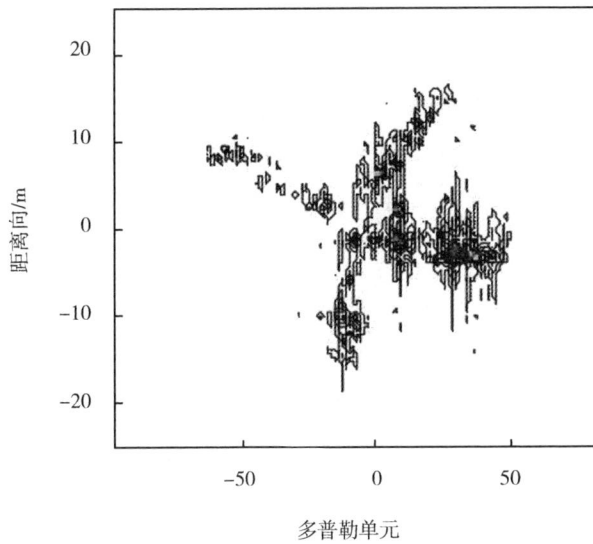

（b）Root-MUSIC 融合成像结果

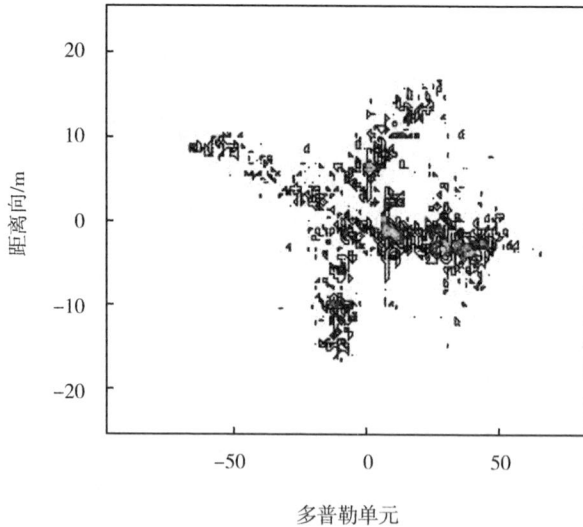

（c）酉 ESPRIT 融合成像结果

图 1-11 Yak-42 飞机实测数据的多频带融合成像结果[88]

H. H. Zhang 等人[91]基于信号稀疏表示模型，通过构造多级动态字典作为稀疏基矩阵，利用快速 SBL 算法实现了多频带数据融合成像，进一步地提高了重构精度和运算效率。P. J. Hu 等人[92]首先利用 AR 模型对稀疏频带观测数据进行内插，提高观测数据量；然后利用平滑 L0 范数（smoothed L0，SL0）算法求解多频带融合成像的稀疏表示问题。邹永强[79]利用 LGS_SBL 算法实现多频带信号融合成像，参数估计精度明显优于 SL0 算法，获得了较好的融合成像效果。为提高先验模型灵活性，F. Zhou 等人[22]利用分层 Gamma-Gaussian 先验构建概率模型，通过贝叶斯推理实现稀疏频带融合成像，对复杂目标和低 SNR 条件下融合成像都有较好的稳健性。图 1-12 给出了在 0 dB 条件下复杂目标电磁仿真数据的子频带 RD 成像结果以及稀疏频带融合成像结果，从融合成像结果中可得到更精细的目标结构信息，体现了融合成像算法的有效性。

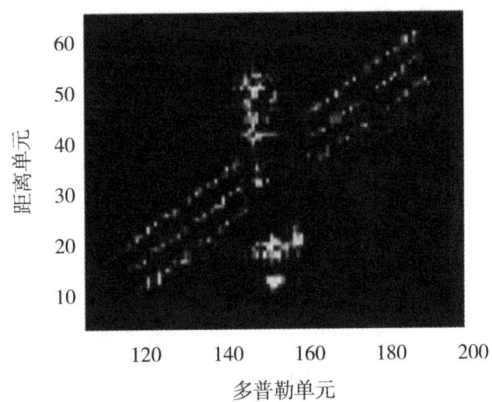

（a）低频带 RD 成像结果

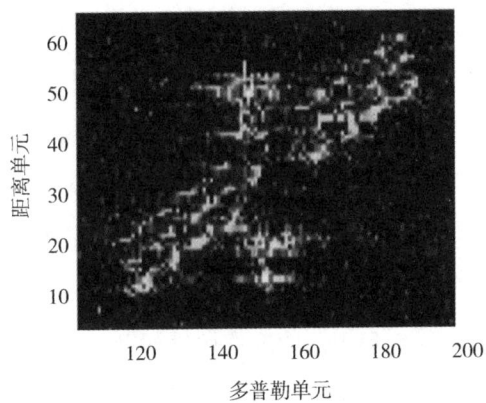

（b）高频带 RD 成像结果

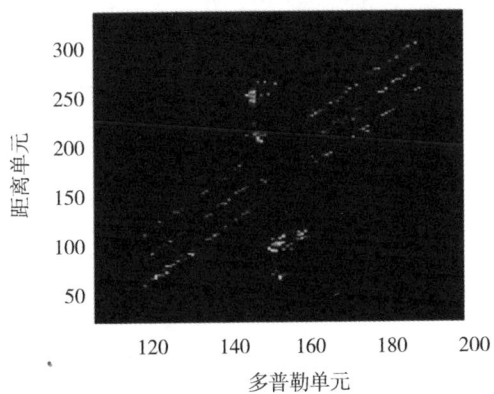

（c）融合成像结果

图 1-12　复杂目标稀疏频带融合成像结果[22]

1.2.3 ISAR 多雷达数据融合成像技术关键问题分析

通过对多雷达数据互相干处理方法、同视角多频带 ISAR 融合成像方法研究现状的分析可以看出，ISAR 多雷达数据融合成像技术已经取得了一定的研究成果，但仍存在以下三个方面问题。

(1) 目标电磁散射建模。ISAR 成像时，建立一个与实际雷达回波信号相匹配的目标电磁散射模型有利于提高成像质量。在窄带小角度观测条件下，散射中心的散射系数可认为是常数，此时可将目标散射模型看作理想点散射模型，这也是传统雷达成像中最常用的电磁散射模型。然而，当发射信号带宽增大到与中心频率可以比拟时，散射中心的散射系数是随着频率变化的，且可认为散射系数随着频率近似为指数变化，此时可将目标散射模型看作指数和模型(或 Prony 模型)[93-98]。当相对带宽不太大时，Prony 模型可与目标实际的电磁散射特性相匹配，且计算量较小。然而，当相对带宽较大时，Prony 模型与目标实际的电磁散射特性往往是不匹配的，若仍用 Prony 模型建模，则会引入误差。GTD 模型利用不同的频率依赖因子来描述典型的目标散射中心类型，在超宽带条件下，更符合目标的电磁散射模型，但同时对目标散射中心参数的估计较为复杂[99-101]。因此，有必要根据不同的成像场景和融合成像需求，建立符合实际的目标电磁散射模型，得到 ISAR 成像回波信号。

(2) 多雷达信号互相干处理。传统的多雷达信号互相干处理方法是先通过频谱外推得到重叠频带，再利用距离像相关法或最小均方误差准则等方法估计非相干相位。该类方法虽然原理简单、易于实现，但频带外推误差易受噪声和外推长度的影响，导致非相干相位估计不准确，限制了算法的应用范围。基于全极点模型和基于稀疏表示的多雷达信号互相干处理方法避免了频谱外推带来的误差，可以进一步地提高非相干相位的估计精度。基于全极点模型的互相干处理方法建立模型简单且易于求解，但需要对各个子频带回波信号分别建模，对模型的依赖性较大，容易引入模型误差，而且对模型阶数和极点的估计精度要求较高，估计结果易受噪声水平的影响。基于稀疏表示的互相干处理方法直接对非相干雷达回波进行信号表示，利用稀疏重构方法求解得到非相干相位。与基于全极点模型的方法相比，基于稀疏表示的方法不需要估计模型阶数，且在重构精度和抗噪性能方面具有优势。但现有文献通常利用 BP 算法或 SBL 算法求解非相干相位,算法的运算量较大。此外,在建立相干处理字典时,网格划分可能存在网格失配问题,导致非相干线性相位的真实值与估计值有偏差。因此,在利用稀疏表示理论实现多雷达信号互相干处理时,需要在考虑减轻网格失配影响的同时,提高算法的运算效率。

(3)同视角多频带 ISAR 融合成像。实现多雷达数据融合成像的关键是选择合适的融合成像方法,现有的同视角多频带 ISAR 融合成像方法主要可分为基于谱估计方法和基于稀疏表示方法两大类。基于谱估计的融合成像方法在高 SNR 条件下,虽然能较好地实现多雷达数据融合,但需要准确估计目标散射中心的个数,且估计精度易受噪声水平的影响。基于稀疏表示的融合成像方法无须估计目标散射中心个数,与谱估计类方法相比,具有较好的抗噪性和稳健性。在实现稀疏重构时,现有文献通常把复数域的雷达回波信号首先转化为实数域,然后在实数域分别利用 SBL 类算法估计信号的实部与虚部,最后拼接得到复数信号估计值。这样的处理,既增加了数据存储空间,又增大了运算复杂度,且容易破坏复数信号中实部与虚部之间相同的支撑集和相关性,影响重构精度。因此,有必要研究可以直接在复数域实现稀疏重构的同视角多频带 ISAR 融合成像方法。

综上所述,ISAR 多雷达数据融合高分辨成像技术已经引起了众多学者的重视,在研究过程中也取得了一定的成果,特别是随着信号处理方法的发展以及稀疏表示理论在 ISAR 多雷达数据融合成像中的成功应用,多雷达数据融合成像技术已经成为提高 ISAR 成像分辨率和成像质量的一种有效途径。然而,分析 ISAR 多雷达数据融合高分辨成像技术关键问题后发现,在多雷达信号互相干处理、同视角多频带 ISAR 融合成像、多视角多频带 ISAR 融合成像等方面,仍需要进行深入研究。

◆◆ 1.3 主要研究内容和结构安排

本书以稀疏表示理论为技术手段,围绕 ISAR 多雷达数据融合高分辨成像技术的若干关键问题展开深入研究,以期通过本书的研究,进一步地提高 ISAR

成像二维分辨率和成像质量，为目标的分类与识别提供更丰富的信息。本书主要针对 ISAR 信号稀疏表示、多雷达信号互相干处理、同视角多频带 ISAR 融合成像等问题进行研究。本书分为 5 章，具体章节内容如下。

第 1 章首先以提高 ISAR 成像二维分辨率为目的，阐述了研究 ISAR 多雷达数据融合高分辨成像技术的背景和意义；然后分别介绍了 ISAR 成像技术研究现状和 ISAR 多雷达数据融合成像技术研究现状，总结并分析了 ISAR 多雷达数据融合成像技术中存在的关键问题；最后给出了本书的主要研究内容和结构安排。

第 2 章对 ISAR 成像原理及信号稀疏表示理论进行了研究。首先，阐述了 ISAR 成像基本原理，分别基于理想点散射模型和 GTD 模型建立了 ISAR 成像回波模型，给出了越分辨单元徙动校正方法，推导了成像二维分辨率计算公式，并分析了成像分辨率的影响因素；然后，介绍了稀疏表示理论，并将其应用到 ISAR 成像中，建立了基于信号稀疏表示的成像模型，说明了利用稀疏表示方法实现 ISAR 超分辨成像的可行性；最后，对基于稀疏表示的 ISAR 超分辨成像方法进行了实验验证及分析，体现了稀疏表示方法在提高 ISAR 成像分辨率方面的优越性，为后续章节的研究奠定了理论基础。

第 3 章对基于稀疏表示的多雷达信号互相干处理方法进行了研究。首先，通过分析多雷达信号间的非相干相位关系，利用稀疏表示理论建立了多雷达信号互相干处理的信号表示模型；其次，为了在网格失配情况下提高非相干相位估计精度，通过细化网格划分尺寸优化相干处理字典，在不增加字典维数及运算复杂度的同时，减轻了网格失配影响；再次，利用简单快速的 OMP 算法对信号表示模型进行稀疏重构，实现对非相干相位的估计与补偿；最后，对基于稀疏表示的多雷达信号互相干处理方法的性能进行了实验验证及分析。

第 4 章对基于稀疏贝叶斯模型的同视角多频带 ISAR 融合成像方法进行了研究。假设邻近放置的多部雷达工作在不同频带，忽略雷达对目标观测视角间的差异，利用观测回波数据进行同视角多频带 ISAR 融合成像，以提高距离分辨率。首先，利用稀疏表示理论建立了同视角多频带 ISAR 融合成像模型；然后，分别提出了基于复 Gaussian 分层(complex Gaussian scale mixure，CGSM)先验的同视角多频带 ISAR 融合成像方法和基于 Laplacian 分层(Laplacian scale mixure，LSM)先验的同视角多频带 ISAR 融合成像方法，通过贝叶斯推理直接在复数域进行求解，提高运算效率；最后，对所提的两种基于稀疏贝叶斯模型的同视角多频带 ISAR 融合成像方法性能进行了实验验证及分析。

第 5 章为总结与展望。对本书的主要工作进行了总结，并对本书存在的问题以及下一步需要研究的方向进行了展望。

第 2 章　ISAR 成像原理及信号稀疏表示

◆ 2.1　引　言

在高频区进行 ISAR 成像时，目标的电磁散射可近似为多个孤立散射中心后向散射合成的结果，因此散射中心的坐标位置和散射强度是描述目标散射特性的重要参数。理想点散射模型是最常用的目标散射模型，各散射中心的散射强度可认为是常数，通常适用于相对带宽较窄的小角度观测条件。而对于多雷达数据融合成像，在利用工作在不同频带的多部雷达从不同视角观测目标获取的回波数据进行融合成像时，由于频带合成后信号的相对带宽通常较大，目标各散射中心的散射强度将会随着角度和频率变化，此时理想点散射模型不再适用。为保证多雷达数据融合的可行性，各雷达对目标的观测视角差不能太大，暂不考虑目标散射中心强度随着角度的变化关系，在宽带小角度观测条件下，利用 GTD 模型对目标的散射特性进行建模，可以更好地描述目标散射中心对频率的依赖性，与理想点散射模型相比，更符合目标实际的散射特性。

采用传统的 RD 算法实现 ISAR 成像时，首先进行距离压缩和平动补偿得到一维距离像，然后通过方位压缩得到 ISAR 二维图像。为避免存在越分辨单元徙动而引起图像散焦等问题，在得到一维距离像后，需要进行越分辨单元徙动校正。RD 算法的本质是基于快速傅里叶变换(fast Fourier transformation, FFT)，其成像分辨率受发射信号带宽和观测累积转角的约束，无法突破理论极限分辨率。而基于稀疏表示的 ISAR 成像方法利用回波信号的稀疏性，可以实现 ISAR 超分辨成像，突破了传统的理论成像分辨率，极大地提高了 ISAR 成像分辨率和成像质量，对获取丰富的目标信息具有重要意义。

本章主要研究 ISAR 成像原理及信号稀疏表示方法。首先，根据 RD 算法介绍 ISAR 成像基本原理，分别基于理想点散射模型和 GTD 模型建立 ISAR 成像回波模型，经过越分辨单元徙动校正并推导成像二维分辨率表达式，分析成像分辨率的影响因素；然后，详细地阐述了稀疏表示理论，并将其应用到 ISAR 成像中，研究基于稀疏表示的 ISAR 超分辨成像方法，通过实验验证该方法在提高成像二维分辨率方面的有效性和优越性。

◆◇ 2.2　ISAR 成像基本原理

由于 ISAR 所观测的目标尺寸通常远小于雷达与目标之间的距离，满足远场条件，因此照射目标的电波可用平面波近似。ISAR 成像中目标的运动分为平动和转动两部分。其中，平动对成像是没有贡献的，需要被补偿；而转动使得各散射中心回波的多普勒频率不同，可用于实现方位向分辨。为了便于分析，通常利用转台模型对目标的 ISAR 成像信号进行建模，本节基于 RD 算法介绍 ISAR 成像基本原理。

2.2.1　ISAR 成像回波模型

2.2.1.1　基于理想点散射模型的回波信号

以目标质心 O 为转台中心，建立 ISAR 转台成像模型，见图 2-1 所示。

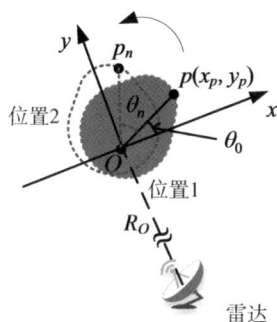

图 2-1　ISAR 转台成像模型

为了便于分析，假设直角坐标系 xOy 的原点为目标质心 O，y 轴为雷达到目标质心 O 的视线方向。起始时刻目标位于位置 1，散射点 p 与 x 轴的夹角为

θ_0。假设目标逆时针旋转，在慢时间 t_n 时刻目标旋转至位置2，成像期间累积转角为 θ_n，散射点 p 的极坐标为 (r_p, φ_p)，则有 $\varphi_p = \theta_n + \theta_0$。定义雷达到目标质心 O 的距离为 R_O，由于 ISAR 成像通常满足远场条件，所以在 t_n 时刻散射点 p 到雷达的瞬时距离 $R_p(t_n)$ 可表示为

$$R_p(t_n) = \sqrt{R_O^2 + r_p^2 - 2r_p R_O \cos(\pi/2 + \varphi_p)}$$
$$\approx R_O + r_p \sin(\theta_n + \theta_0)$$
$$\approx R_O + r_p \cos\theta_0 \sin\theta_n + r_p \sin\theta_0 \cos\theta_n \qquad (2-1)$$

令起始时刻散射点 p 的直角坐标为 (x_p, y_p)，则有 $x_p = r_p \cos\theta_0$，$y_p = r_p \sin\theta_0$。式 (2-1) 可表示为

$$R_p(t_n) \approx R_O + x_p \sin\theta_n + y_p \cos\theta_n \qquad (2-2)$$

散射点 p 到雷达的距离与目标质心 O 到雷达的距离之差 $\Delta R_p(t_n)$ 可表示为

$$\Delta R_p(t_n) = R_p(t_n) - R_O = x_p \sin\theta_n + y_p \cos\theta_n \qquad (2-3)$$

假设成像期间目标匀速转动，旋转角速度为 ω，有 $\theta_n = \omega t_n$。当成像累积转角较小时，有 $\sin\theta_n \approx \omega t_n$，$\cos\theta_n \approx 1$，此时，$\Delta R_p(t_n)$ 可近似表示为

$$\Delta R_p(t_n) \approx x_p \omega t_n + y_p \qquad (2-4)$$

假设雷达发射线性调频 (linear frequency modulation, LFM) 信号，可表示为

$$s_t(\hat{t}, t_n) = \mathrm{rect}\left(\frac{\hat{t}}{T}\right) \cdot \exp\left(\mathrm{j}2\pi\left(f_c t + \frac{1}{2}\mu\hat{t}^2\right)\right) \qquad (2-5)$$

其中，f_c 为载波中心频率，T 为发射信号脉冲宽度，μ 为调频斜率。$\hat{t}$ 表示电波传播时间，称为快时间，t 为全时间，且满足 $\hat{t} = t - t_n$。若雷达在成像时间 T_a 内共发射 N 个脉冲，脉冲重复周期为 T_r，则慢时间可表示为 $t_n = nT_r$（$n = 0, 1, 2, \cdots, N-1$）。$\mathrm{rect}(x)$ 为矩形窗函数，当 $|x| \leq 0.5$ 时，有 $\mathrm{rect}(x) = 1$；当 $|x| > 0.5$ 时，有 $\mathrm{rect}(x) = 0$。

在 t_n 时刻散射点 p 的回波信号可表示为

$$s_r(\hat{t}, t_n) = \sigma_p \cdot \mathrm{rect}\left(\frac{\hat{t} - 2R_p(t_n)/c}{T}\right) \cdot \mathrm{rect}\left(\frac{t_n}{T_a}\right) \cdot$$
$$\exp\left(\mathrm{j}2\pi\left(f_c\left(t - \frac{2R_p(t_n)}{c}\right) + \frac{1}{2}\mu\left(\hat{t} - \frac{2R_p(t_n)}{c}\right)^2\right)\right) \qquad (2-6)$$

其中，c 为光速，σ_p 为散射点 p 的散射系数。

选取目标质心 O 为参考点，则解线频调的参考信号可表示为

$$s_{\text{ref}}(\hat{t}, t_n) = \text{rect}\left(\frac{\hat{t}-\dfrac{2R_O}{c}}{T_{\text{ref}}}\right) \cdot \exp\left(\text{j}2\pi\left(f_c\left(t-\frac{2R_O}{c}\right)+\frac{1}{2}\mu\left(\hat{t}-\frac{2R_O}{c}\right)^2\right)\right) \tag{2-7}$$

其中，T_{ref} 为参考信号的脉冲宽度，比 T 略大。将式(2-6)所示雷达回波信号和式(2-7)所示参考信号作差频，可得到解线频调后的差频回波信号为

$$s_{if}(\hat{t}, t_n) = s_r(\hat{t}, t_n) \cdot s_{\text{ref}}^*(\hat{t}, t_n)$$

$$= \sigma_p \cdot \text{rect}\left(\frac{\hat{t}-2R_p(t_n)/c}{T}\right) \cdot \text{rect}\left(\frac{t_n}{T_a}\right) \cdot$$

$$\exp\left(-\text{j}\frac{4\pi}{c}\mu\left(\hat{t}-\frac{2R_O}{c}\right)\Delta R_p(t_n)-\text{j}\frac{4\pi}{c}f_c\Delta R_p(t_n)+\text{j}\frac{4\pi\mu}{c^2}\Delta R_p^2(t_n)\right) \tag{2-8}$$

定义距离频域为 $f=\mu(\hat{t}-2R_O/c)$，则式(2-8)可变换为

$$s_{if}(f, t_n) = \sigma_p \cdot \text{rect}\left(\frac{f}{\mu T}-\frac{2\Delta R_p(t_n)}{cT}\right) \cdot \text{rect}\left(\frac{t_n}{T_a}\right) \cdot$$

$$\exp\left(-\text{j}\frac{4\pi}{c}(f_c+f)\Delta R_p(t_n)+\text{j}\frac{4\pi\mu}{c^2}\Delta R_p^2(t_n)\right) \tag{2-9}$$

式(2-9)中最后一个二次相位项为视频残余相位(residual video phase, RVP)，在 μ 较小的情况下，可以忽略。回波信号经过理想的包络对齐和相位校正[102-105]，目标相对于雷达只有转动分量，距离频域-方位慢时间域的回波可近似为

$$s_{if}(f, t_n) \approx \sigma_p \cdot \text{rect}\left(\frac{f}{\mu T}-\frac{2\Delta R_p(t_n)}{cT}\right) \cdot \text{rect}\left(\frac{t_n}{T_a}\right) \cdot \exp\left(-\text{j}\frac{4\pi}{c}(f_c+f)\Delta R_p(t_n)\right) \tag{2-10}$$

将式(2-4)代入式(2-10)，假设不发生越分辨单元徙动，将式(2-10)在距离频域作逆快速傅里叶变换(inverse fast Fourier transformation, IFFT)，得到距离压缩后的一维距离像为

$$s_{rg}(\hat{t}, t_n) \approx \sigma_p' \cdot \text{sinc}\left(\mu T\left(\hat{t}-\frac{2y_p}{c}\right)\right) \cdot \exp\left(-\text{j}\frac{4\pi}{c}f_c y_p\right) \cdot \exp\left(-\text{j}\frac{4\pi}{c}f_c x_p \omega t_n\right) \tag{2-11}$$

其中，$\text{sinc}(x)=\sin(\pi x)/(\pi x)$，$\sigma_p'$ 为散射点 p 的幅度。

将式(2-11)在慢时间域作 FFT 实现方位压缩，取模值后，可得到散射点 p 的二维 RD 图像为

$$s_{isar}(\hat{t}, f_d) = a_p \cdot \left| \mathrm{sinc}\left(\mu T\left(\hat{t} - \frac{2y_p}{c} \right) \right) \cdot \mathrm{sinc}\left(f_d - \frac{2}{\lambda} x_p \omega \right) \right| \qquad (2-12)$$

其中，$\lambda = c/f_c$ 为载波频率信号对应的波长，f_d 为多普勒频率，a_p 为散射点 p 的复幅度。

2.2.1.2 基于 GTD 模型的回波信号

假设目标共有 P 个独立散射中心，在高频区进行成像时，目标回波可视为所有散射中心回波之和。根据式(2-10)，合并常数项后，目标回波可写为

$$S_{if}(f, t_n) \approx \sum_{p=1}^{P} \sigma_p \cdot \exp\left(-\mathrm{j}\frac{4\pi}{c}(f_c + f)\Delta R_p(t_n) \right) \qquad (2-13)$$

式(2-13)表示基于理想点散射模型的目标回波信号，此时各散射中心的散射系数为常数，这是最简单的目标散射模型，适用于相对带宽较窄的小角度成像场景。理想点散射模型建模容易，计算简单，是 ISAR 成像中常用的目标散射模型。但在宽带小角度观测条件下进行多雷达数据融合成像时，融合后频带的相对带宽较大，散射中心的散射系数并不是常数，是随着频率变化而变化的，此时理想点散射模型不再适用。

为了描述散射中心强度对频率的依赖性，GTD 模型中引入了频率依赖因子，不同的频率依赖因子所表征的散射中心类型不同，典型的散射中心类型及对应的频率依赖因子见表 2-1 所示。

表 2-1 典型的散射中心类型及对应的频率依赖因子

散射中心类型	频率依赖因子
平面反射、两面角反射	1
单曲面反射	0.5
点散射中心	0
边缘绕射	-0.5
角绕射	-1

参考式(2-13)，基于 GTD 模型的目标回波信号可写为

$$S_f(f, t_n) \approx \sum_{p=1}^{P} \sigma_p \cdot \left(\mathrm{j}\frac{f_c + f}{f_0} \right)^{\alpha_p} \cdot \exp\left(-\mathrm{j}\frac{4\pi}{c}(f_c + f)\Delta R_p(t_n) \right) \qquad (2-14)$$

其中，f_0 为信号的起始频率；α_p 为频率依赖因子；σ_p 为 $\alpha_p = 0$ 时的散射系数，

为常数项。

对频率进行均匀采样，假设频率采样间隔为 Δf，共有 M 个频率采样点，有 $f_c + f = f_0 + m\Delta f$，其中频率采样序列 m 的取值为 $\{0, 1, \cdots, M-1\}$。式（2-14）可表示为

$$S(m, t_n) \approx \sum_{p=1}^{P} \sigma_p \cdot \left(\mathrm{j}\frac{f_0 + m\Delta f}{f_0}\right)^{\alpha_p} \cdot \exp\left(-\mathrm{j}\frac{4\pi}{c}(f_0 + m\Delta f)\Delta R_p(t_n)\right)$$

$$(2-15)$$

虽然 GTD 模型能够较好地匹配目标的真实散射特性，但从式（2-15）可以看出，基于 GTD 模型的回波信号中既包含幂函数，也包含指数函数，导致不易求解模型参数。当信号的带宽相对中心频率不太大时，为简化计算，一般利用指数函数来代替幂函数，将 GTD 模型转化为衰减指数（damped exponent，DE）模型[26, 46]。此时，式（2-15）中的频率依赖项可写为

$$\left(\frac{f_0 + m\Delta f}{f_0}\right)^{\alpha_p} = \exp\left(\alpha_p \ln\left(1 + \frac{m\Delta f}{f_0}\right)\right) \approx \exp\left(\alpha_p \frac{\Delta f}{f_0} m\right) \quad (2-16)$$

当观测角度较小且相对带宽较窄时，可认为散射中心不发生越分辨单元徙动。假设角度采样数与发射脉冲个数均为 N，角度采样间隔为 $\Delta\theta$，可表示为 $\Delta\theta = \omega T_r$，根据式（2-4），则有 $\Delta R_p(t_n) \approx x_p \omega t_n + y_p = x_p \Delta\theta n + y_p$。将式（2-16）代入式（2-15），可得

$$
\begin{aligned}
S(m, n) &\approx \sum_{p=1}^{P} \sigma_p \cdot \mathrm{j}^{\alpha_p} \cdot \exp\left(\alpha_p \frac{\Delta f}{f_0} m\right) \cdot \exp\left(-\mathrm{j}\frac{4\pi}{c}(f_0 + m\Delta f)(y_p + x_p \Delta\theta_n)\right) \\
&\approx \sum_{p=1}^{P} \sigma_p \cdot \mathrm{j}^{\alpha_p} \cdot \exp\left(\alpha_p \frac{\Delta f}{f_0} m\right) \cdot \exp\left(-\mathrm{j}\frac{4\pi}{c}(f_0 x_p \Delta\theta_n + y_p \Delta f m + f_0 y_p)\right) \\
&= \sum_{p=1}^{P} \vartheta_p P_{xp}^n P_{yp}^m
\end{aligned}
$$

$$(2-17)$$

其中，

$$
\begin{cases}
P_{xp} = \exp\left(-\mathrm{j}\dfrac{4\pi}{c}f_0 x_p \Delta\theta\right) \\[2mm]
P_{yp} = \exp\left(\alpha_p \dfrac{\Delta f}{f_0} - \mathrm{j}\dfrac{4\pi}{c}y_p \Delta f\right) \\[2mm]
\vartheta_p = \sigma_p \mathrm{j}^{\alpha_p} \exp\left(-\mathrm{j}\dfrac{4\pi}{c}f_0 y_p\right)
\end{cases}
\quad (2-18)
$$

式(2-17)为 DE 模型回波信号表达式，其中，ϑ_p 可看作散射中心的复振幅，P_{xp} 和 P_{yp} 分别为方位向和距离向极点，因此 DE 模型也称为 Prony 模型或全极点模型。当相对带宽不大时，Prony 模型能够代替 GTD 模型，较好地匹配实际物理过程，在获得相近估计精度的同时，能降低计算复杂度。但当相对带宽较大时，利用 Prony 模型无法完全描述散射中心强度随着频率的变化规律，导致引入回波建模误差，且模型误差随着相对带宽增大而逐渐变大，此时不能用于代替 GTD 模型。

2.2.2 越分辨单元徙动校正

若在成像过程中散射点发生了越分辨单元徙动，则在进行 RD 成像时，容易引起图像散焦，影响图像质量，此时需要进行越分辨单元徙动校正[106]。

2.2.2.1 越距离单元徙动校正

在成像过程中，若散射点的纵向距离走动超出了一个距离单元，则认为发生了越距离单元徙动，通常采用 Keystone 变换方法进行越距离单元徙动校正[107]。

将式(2-3)代入式(2-15)，得到目标的回波为

$$S(m, t_n) \approx \sum_{p=1}^{P} \sigma_p \cdot \left(j\frac{f_0 + m\Delta f}{f_0} \right)^{\alpha_p} \cdot \exp\left(-j\frac{4\pi}{c}(f_0 + m\Delta f)(x_p\sin\theta_n + y_p\cos\theta_n) \right)$$

$$= \sum_{p=1}^{P} \sigma_{p\_\alpha} \cdot \exp\left(-j\frac{4\pi}{c}(f_0 + m\Delta f)x_p\sin\theta_n \right) \cdot \exp\left(-j\frac{4\pi}{c}(f_0 + m\Delta f)y_p\cos\theta_n \right)$$

$$(2-19)$$

其中，$\sigma_{p\_\alpha} = \sigma_p \left(j\frac{f_0+m\Delta f}{f_0} \right)^{\alpha_p}$。在距离压缩时，式(2-19)中的两个指数项均与脉压位置有关，但影响的程度不同。

以图 2-1 所示转台成像模型为例，在成像累积转角为 θ_n 内，散射点 p 移动到 p_n 位置，其纵向位移可表示为

$$\Delta y_p = r_p\sin(\theta_0 + \theta_n) - r_p\sin\theta_0 = x_p\sin\theta_n - y_p(1-\cos\theta_n) \qquad (2-20)$$

假设目标的横向和纵向尺寸大小均为 20 m，则距离目标中心的最大横向和纵向尺寸分别为 $x_{p\max} = y_{p\max} = 10$ m。若成像期间内累积转角为 $\theta_n = 4°$，则由式(2-19)中第一个指数项中方位坐标 x_p 引起的徙动距离最大为 $\Delta d_1 = x_{p\max}\sin\theta_n \approx 0.7$ m，由式(2-19)中第二个指数项中距离坐标 y_p 引起的徙动距离最大为

$\Delta d_2 = y_{pmax}(1-\cos\theta_n) \approx 0.024$ m。若雷达的距离分辨率为 0.5 m，则横向尺寸对距离脉压位置的影响不可以忽略，纵向尺寸对距离脉压位置的影响可以忽略。故在脉冲压缩后，式(2-19)中第一个指数项可能引起越距离单元徙动，而第二个指数项产生的距离徙动可以忽略。

在成像过程中，若目标相对于雷达匀速转动，转动角速度为 ω，则有 $\theta_n = \omega t_n$，在小角度观测条件下，由于累积转角 θ_n 通常较小，可近似有 $\sin\theta_n \approx \omega t_n$。在式(2-19)第一个指数项中，快时间频率 $m\Delta f$ 和慢时间 t_n 之间存在耦合关系，使得距离压缩后散射点的峰值位置与慢时间有关，容易引起越距离单元徙动，若能消除二者之间的耦合关系，则能实现散射点的越距离单元徙动校正。

一般采用 Keystone 变换方法进行越距离单元徙动校正，定义虚拟慢时间 t_n' 满足

$$(f_0 + m\Delta f)t_n = f_0 t_n' \tag{2-21}$$

其中，$t_n' = nT_r'$，T_r' 可以看作新的脉冲重复周期。Keystone 变换的实质就是通过对慢时间 t_n 作尺度变换实现对数据的重采样。根据式(2-21)，重采样时刻 t_n' 可表示为

$$t_n' = (1 + m\Delta f/f_0)t_n \tag{2-22}$$

从式(2-22)可以看出，重采样的脉冲重复周期 T_r' 变为采样前信号脉冲重复周期 T_r 的 $(1+m\Delta f/f_0)$ 倍。

将式(2-21)代入式(2-19)，同时忽略第二个指数项对脉冲压缩后距离位置的影响，有

$$
\begin{aligned}
S(m, t_n') &= \sum_{p=1}^{P} \sigma_{p\_\alpha} \cdot \exp\left(-\mathrm{j}\frac{4\pi}{c}f_0 x_p \omega t_n'\right) \cdot \exp\left(-\mathrm{j}\frac{4\pi}{c}(f_0 + m\Delta f)y_p \cos\theta_n\right) \\
&= \sum_{p=1}^{P} \sigma_{p\_\alpha} \cdot \exp\left(-\mathrm{j}\frac{4\pi}{c}f_0(x_p \omega t_n' + y_p \cos\theta_n)\right) \cdot \exp\left(-\mathrm{j}\frac{4\pi}{c}m\Delta f y_p \cos\theta_n\right)
\end{aligned}
\tag{2-23}
$$

从式(2-23)可以看出，快时间频率 $m\Delta f$ 与慢时间 t_n' 之间的耦合关系已被解除，经过脉冲压缩后，一维距离像上散射点的峰值位置固定，此时不会产生越距离单元徙动现象。

在成像过程中，若目标相对于雷达为非匀速转动，则将累积转角表示为

$$\theta_n = \omega\left(t_n + \frac{1}{2}a_\omega t_n^2\right) \tag{2-24}$$

其中，a_ω 为转动角速度的加速度系数。由于累积转角存在慢时间 t_n 的二次项，此时采用广义 Keystone 变换进行越距离单元徙动校正，定义虚拟慢时间 t_n' 满足

$$(f_0+m\Delta f)\left(t_n+\frac{1}{2}a_\omega t_n^2\right)=f_0 t_n' \tag{2-25}$$

故重采样时刻 t_n' 可表示为

$$t_n'=(1+m\Delta f/f_0)\left(1+\frac{1}{2}a_\omega t_n\right)t_n \tag{2-26}$$

将式(2-25)代入式(2-19)，同时忽略第二个指数项对脉冲压缩后距离位置的影响，有

$$S(m,t_n')=\sum_{p=1}^{P}\sigma_{p\_\alpha}\cdot\exp\left(-\mathrm{j}\frac{4\pi}{c}f_0(x_p\omega t_n'+y_p\cos\theta_n)\right)\cdot\exp\left(-\mathrm{j}\frac{4\pi}{c}m\Delta f y_p\cos\theta_n\right) \tag{2-27}$$

经过广义 Keystone 变换后，可得到与式(2-23)一致的结果，此时，散射点的越距离单元徙动已被校正。另外，方位坐标 x_p 的系数是慢时间 t_n' 的一次项函数，这样有利于直接在慢时间域通过方位压缩提取散射点的多普勒信息，消除了方位坐标 x_p 可能引起的方位散焦问题。

2.2.2.2 越多普勒单元徙动校正

虽然利用 Keystone 变换方法可实现越距离单元徙动校正，而且避免了方位坐标 x_p 对提取散射点多普勒信息的影响，但是一维距离像中散射点的距离坐标 y_p 对相位的影响不可忽略。

由式(2-20)可知，由纵向位移 Δy_p 引起回波的相位变化为

$$\Delta\varphi_p=-\frac{4\pi}{\lambda}\Delta y_p=-\frac{4\pi}{\lambda}[x_p\sin\theta_n-y_p(1-\cos\theta_n)] \tag{2-28}$$

假设目标的横向和纵向尺寸大小均为 20 m，则距离目标中心的最大横向和纵向尺寸分别为 $x_{p\max}=y_{p\max}=10$ m，若成像期间内累积转角为 $\theta_n=4°$，发射信号载频为 $f_c=10$ GHz，则通过计算可得到由距离坐标 y_p 引起的相位变化最大为 $\Delta\varphi_{p\max}=(4\pi/\lambda)y_{p\max}(1-\cos\theta_n)=10.2$ rad，这会导致散射点在方位向严重散焦，影响成像质量，此时需要进行越多普勒单元徙动校正，通常利用直接构造相位补偿项的方法实现。

经越距离单元距离徙动校正后的 ISAR 一维距离像可表示为

$$S_{rg}(\hat{i},t_n')=\sum_{p=1}^{P}\sigma_{p\_\alpha}\cdot\mathrm{sinc}\left(\mu T\left(\hat{i}-\frac{2y_p}{c}\right)\right)\cdot\exp\left(-\mathrm{j}\frac{4\pi}{c}f_0(x_p\omega t_n'+y_p\cos\theta_n)\right) \tag{2-29}$$

为补偿由距离坐标 y_p 引起的相位变化，构造相位补偿项

$$\varphi_{\text{com}} = \exp\left(j \frac{4\pi}{c} f_0 y_p \cos\theta_n \right) \tag{2-30}$$

由式(2-30)可知，在构造相位补偿项时，需要利用散射点的距离坐标 y_p，而对距离定标需要估计成像的等效旋转中心，具体的估计方法可参考文献[108]和文献[109]。

利用式(2-30)中的相位补偿项对式(2-29)中的一维距离像进行补偿，补偿后的一维距离像可表示为

$$S_{rg}(\hat{t}, t'_n) = \sum_{p=1}^{P} \sigma_{p\_\alpha} \cdot \text{sinc}\left(\mu T \left(\hat{t} - \frac{2y_p}{c} \right) \right) \cdot \exp\left(-j \frac{4\pi}{c} f_0 x_p \omega t'_n \right) \tag{2-31}$$

此时，一维距离像的指数项中只包含与方位坐标 x_p 有关的相位信息，且方位坐标 x_p 的系数是慢时间 t'_n 的一次项函数，故在慢时间域进行方位压缩，取模后可得到 ISAR 的二维图像

$$S_{isar}(\hat{t}, f_d) = \sum_{p=1}^{P} \sigma_{p\_\alpha} \cdot \left| \text{sinc}\left(\mu T \left(\hat{t} - \frac{2y_p}{c} \right) \right) \cdot \text{sinc}\left(f_d - \frac{2}{\lambda} x_p \omega \right) \right| \tag{2-32}$$

2.2.3 成像分辨率

式(2-32)中第一个 sinc 项表示 ISAR 图像在距离维的成像，假设 ISAR 成像的距离分辨率为 ρ_r，脉冲压缩后距离维的信号带宽为 B，有

$$\frac{2\rho_r}{c} = \frac{1}{B} \tag{2-33}$$

距离分辨率可表示为

$$\rho_r = \frac{c}{2B} \tag{2-34}$$

从式(2-34)可以看出，ISAR 成像的距离分辨率与发射信号带宽有关，采用发射大带宽信号的方式可提高距离分辨率。

式(2-32)中第二个 sinc 项表示 ISAR 图像在方位维的成像，假设 ISAR 成像的方位分辨率为 ρ_a，在成像观测时间 T_a 内，有

$$\frac{2}{\lambda} \rho_a \omega = \frac{1}{T_a} \tag{2-35}$$

方位分辨率可表示为

$$\rho_a = \frac{\lambda}{2\omega T_a} = \frac{\lambda}{2\Delta\theta} \tag{2-36}$$

其中，$\Delta\theta$ 为观测时间内的累积转角。从式（2-36）可以看出，ISAR 成像的方位分辨率与观测累积转角有关，采用增大观测时间的方式可提高方位分辨率。

假设目标的横向（方位向）尺寸和纵向（距离向）尺寸分别为 D_a 和 D_r，为了不发生越分辨单元徙动，成像二维分辨率与目标尺寸大小之间还需要满足式（2-37）所示制约关系

$$\begin{cases} \rho_a^2 > \lambda D_r/4 \\ \rho_a\rho_r > \lambda D_a/4 \end{cases} \tag{2-37}$$

为了获得更精细的目标图像，一般通过增加发射信号带宽和成像观测时间来分别提高距离分辨率和方位分辨率。但直接增加发射信号带宽，不仅对雷达系统的硬件设备提出了很高的要求，而且加大了设计难度和制造成本。另外，对目标进行长时间的连续平稳观测，不仅增加了运动补偿难度，而且在实际应用中较难实现。因此，有必要研究利用其他方法来提高成像二维分辨率。

◆◇ 2.3　基于稀疏表示的 ISAR 成像

近年来，由于 ISAR 成像回波信号的稀疏性，稀疏表示方法被应用到 ISAR 成像中，它突破了传统理论分辨率的限制，可实现超分辨成像，有效地提高 ISAR 成像分辨率。

2.3.1　稀疏表示理论

稀疏表示理论的实质是对已知信号在给定的基函数集上进行分解，然后在某个变换域上，利用尽可能少的基函数将原始信号表示出来。

2.3.1.1　信号的稀疏表示

假设信号 s 是维数为 $N\times1$ 的离散信号，可表示为

$$s = \sum_{n=1}^{N} \boldsymbol{\varphi}_n \vartheta_n = \boldsymbol{\Psi}z \tag{2-38}$$

其中，$\boldsymbol{\varphi}_n$ 表示维数为 $N\times1$ 的向量，ϑ_n 表示向量对应的系数，$\boldsymbol{\Psi}=[\boldsymbol{\varphi}_1, \boldsymbol{\varphi}_2, \cdots, \boldsymbol{\varphi}_N]$ 表示维数为 $N\times N$ 的基矩阵，$z=[\vartheta_1, \vartheta_2, \cdots, \vartheta_N]^{\mathrm{T}}$ 表示维数为 $N\times1$ 的系数

向量。当 $\|\boldsymbol{\varphi}_n\|_2 = 1$ 时，$\boldsymbol{\varphi}_n$ 称为原子，$\boldsymbol{\Psi}$ 称为字典。式(2-38)表示信号可被分解为原子的线性组合。

对于信号的表示问题，通常希望用尽可能少的原子来表示信号，即通过选择合适的基矩阵，使得系数向量 z 中仅含有尽可能少的非零元素，其余元素均为零或接近零。此时，信号的稀疏表示问题可转化为式(2-39)所示最优化问题[110]

$$\min_{\boldsymbol{\Psi}}\{\|z\|_0\} \text{ s.t. } s = \boldsymbol{\Psi}z \tag{2-39}$$

其中，$\min\{\cdot\}$ 表示求最小值；$\|z\|_0$ 为系数向量 z 的 l_0 范数。由于 l_0 范数仅能表示非零元素的个数，而没有考虑非零元素的大小和位置，而且 l_0 范数易受噪声干扰的影响，从而破坏信号的稀疏性，另外，l_0 范数是非凸的，很难被直接求解[78]，因此，一般采用 l_p ($0 < p \le 1$) 范数来代替 l_0 范数求解式(2-39)中的最优化问题，可将式(2-39)另写为

$$\min_{\boldsymbol{\Psi}}\{\|z\|_p\} \text{ s.t. } s = \boldsymbol{\Psi}z \tag{2-40}$$

其中，$\|z\|_p = \left(\sum_i |\vartheta_i|^p\right)^{1/p}$ 表示 z 的 l_p 范数，当 $p \to 0$ 时，有 $\lim_{p \to 0}\|z\|_p = \|z\|_0$，此时式(2-40)中的最优化问题与式(2-39)中的最优化问题等价。

稀疏基矩阵的选择是信号稀疏表示的关键，合理地选择稀疏基矩阵，既有利于对信号进行更稀疏的表示，也有利于对信号进行快速及准确的恢复。

2.3.1.2　压缩感知理论

CS 理论作为信号稀疏表示的延伸，在原始信号可稀疏表示的前提下，通过构造观测矩阵获得少量的观测信号，然后通过稀疏重构算法实现信号重构[111]。CS 理论利用少量的低维数据重构高维数据，降低了信号的采样率和数据的存储率，突破了 Nyquist 采样定理，在信号处理领域应用广泛。

假设信号 $s \in \mathbb{C}^{N \times 1}$ 在稀疏基矩阵 $\boldsymbol{\Psi}$ 上是稀疏的，参考式(2-38)可表示为 $s = \boldsymbol{\Psi}z$，其中，$\boldsymbol{\Psi} = [\boldsymbol{\varphi}_1, \boldsymbol{\varphi}_2, \cdots, \boldsymbol{\varphi}_N]$ 表示维数为 $N \times N$ 的基矩阵，$z = [\vartheta_1, \vartheta_2, \cdots, \vartheta_N]^{\mathrm{T}}$ 表示维数为 $N \times 1$ 的系数向量。假设 z 中只有 K 个数值较大的非零元素，其他元素均为零或在零值附近，此时称向量 z 的稀疏度为 K 或具有 K 阶稀疏性。当 $K \ll N$ 时，信号 s 可从少量观测信号 $y \in \mathbb{C}^{M \times 1}$ 中恢复出来，其中观测信号可表示为

$$y = \boldsymbol{\Phi}s = \boldsymbol{\Phi}\boldsymbol{\Psi}z = \boldsymbol{\Theta}z \tag{2-41}$$

其中，$\boldsymbol{\Phi}$ 表示大小为 $M \times N$ 的观测矩阵，且满足 $M \le N$；$\boldsymbol{\Theta} = \boldsymbol{\Phi}\boldsymbol{\Psi}$ 表示传感矩阵。

通过构造观测矩阵 $\boldsymbol{\Phi}$，CS 理论可利用 M 维观测信号恢复得到 N 维原始信号。

求解式(2-41)最直接的方法是将其转化为 l_0 范数的约束优化问题进行求解，但由于 $M \leqslant N$，式(2-41)表示一个欠定方程的求解问题，在 l_0 范数下的约束优化问题是一个 NP 难问题，直接求解十分困难。

由于系数向量 z 具有 K 阶稀疏性，所以可以利用约束等距性(restricted isometric property，RIP)条件[112]来求解式(2-41)。对稀疏度为 K 的任意向量 z，若传感矩阵 $\boldsymbol{\Theta}$ 满足 RIP 条件，则有

$$(1-\upsilon)\parallel z \parallel_2 \leqslant \parallel \boldsymbol{\Theta}z \parallel_2 \leqslant (1+\upsilon)\parallel z \parallel_2 \tag{2-42}$$

其中，$\upsilon \in (0, 1)$ 为约束等距常数(restricted isometric constant，RIC)。RIP 条件还可近似等价为不相关条件，即表示观测矩阵 $\boldsymbol{\Phi}$ 与稀疏基矩阵 $\boldsymbol{\Psi}$ 互不相关[112]。对于满足 RIP 条件的传感矩阵 $\boldsymbol{\Theta}$，式(2-41)表示的 CS 问题可通过稀疏重构算法求得稳定解。

通过合理地构造观测矩阵，可在保证不丢失原始信号信息的前提下，利用尽可能少的观测信号恢复原始信号，有利于降低数据采样率和数据存储率。尽管直接验证观测矩阵 $\boldsymbol{\Phi}$ 是否满足 RIP 条件较为困难，但已有部分矩阵被证明满足 RIP 条件，例如高斯随机矩阵[113]、结构随机矩阵和部分傅里叶矩阵等，均可作为观测矩阵。

2.3.1.3　稀疏重构算法

当传感矩阵 $\boldsymbol{\Theta}$ 满足 RIP 条件时，可采用 l_1 范数约束最优化方法实现稀疏重构[114]，根据式(2-41)，此时稀疏重构过程可转化为求解式(2-43)所示最优化问题

$$\min\{\parallel \hat{z} \parallel_1\} \text{ s.t. } y = \boldsymbol{\Theta}\hat{z} \tag{2-43}$$

其中，$\hat{z}$ 表示系数向量 z 的估计值。

由于信号一般容易受到噪声的影响，考虑到噪声存在的情况，式(2-43)中的最优化问题可写为

$$\min\{\parallel \hat{z} \parallel_1\} \text{ s.t. } \parallel y - \boldsymbol{\Theta}\hat{z} \parallel_2 \leqslant \varepsilon \tag{2-44}$$

其中，ε 表示噪声水平。

对于信号重构问题，现已经提出了较多的稀疏重构方法，大致可分为以下三大类。

(1)凸优化类算法。该类算法将稀疏重构问题转化为 l_1 范数约束最优化问题进行求解，实质上是求解凸优化问题，主要包括 BP 算法[115]、迭代阈值算

法[116]和梯度投影稀疏重建算法[117]等。该类算法需要的观测数据较少，重构精度较高，但求解效率较低，且容易得到局部最优解。此外，大多数算法需要人工设置参数，这些参数对算法重构性能影响较大，且在实际中不易获取。

（2）贪婪迭代类算法。该类算法通过选择合适的原子并经过逐步迭代的方式逼近原始信号，迭代次数一般与信号的稀疏度有关，主要包括匹配追踪算法[118]、正交匹配追踪（orthogonal matching pursuit，OMP）算法[119]和压缩采样匹配追踪算法[120]等。该类算法原理简单，运行速度快，但需要的观测数据较多，重构精度一般比凸优化类算法低，且一般需要提前设置稀疏度等参数，参数的设置对重构性能影响较大。

（3）稀疏贝叶斯模型类算法。该类算法通常先建立信号的稀疏先验模型，再利用贝叶斯推理等统计处理方法求解模型参数[121-124]。该类算法可自动进行参数学习，参数设置对重构性能影响很小，重构精度高，抗噪性能好，在传感矩阵存在较强相关性的情况下，仍能得到较好的重构结果，但算法涉及的计算复杂度相对较高。

2.3.2　基于信号稀疏表示的成像处理

根据式（2-31），将经过越分辨单元徙动校正后的一维距离像在快时间域作 FFT，得到距离频域–方位慢时间域的回波为

$$S_f(f, t'_n) = \sum_{p=1}^{P} \sigma_{p\_\alpha} \cdot \exp\left(-\mathrm{j}\frac{4\pi}{c}fy_p\right) \cdot \exp\left(-\mathrm{j}\frac{4\pi}{c}f_0 x_p \omega t'_n\right) \quad (2\text{-}45)$$

令 $f = m\Delta f$，$t'_n = nT'_r$，将距离频率和观测角度离散化。其中，频率采样序列 m 的取值为 $\{0, 1, \cdots, M-1\}$，角度采样序列 n 的取值为 $\{0, 1, \cdots, N-1\}$，Δf 为频率采样间隔，M 和 N 分别为频率采样点数和角度采样点数，角度采样点数可认为与发射脉冲个数一致。为了便于分析，以理想点散射模型为例进行 ISAR 回波信号的稀疏表示，将散射中心的散射系数 σ_{p_α} 近似为常数 σ_p，式（2-45）中的回波可离散化表示为

$$S(m, n) = \sum_{p=1}^{P} \sigma_p \cdot \exp\left(-\mathrm{j}\frac{4\pi}{c}\Delta f y_p m\right) \cdot \exp\left(-\mathrm{j}\frac{4\pi}{c}f_0 x_p \omega T'_r n\right) \quad (2\text{-}46)$$

令 $\omega_m = 2\Delta f y_p / c$，$\omega_n = 2 f_0 x_p \omega T'_r / c$，一般 ISAR 成像目标的尺寸较小，有 ω_m，$\omega_n \in (0, 1)$[78]。同样，将成像场景离散化，令 $\omega_m = k/K$（$k = 0, 1, \cdots, K-1$），$\omega_n = l/L$（$l = 0, 1, \cdots, L-1$），且有 $K \geqslant M$，$L \geqslant N$。此时，式（2-46）可进一步地表示为

$$S(m, n) = \sum_{k=1}^{K} \sum_{l=1}^{L} a_{k, l} \cdot \exp\left(-j2\pi \frac{km}{K}\right) \cdot \exp\left(-j2\pi \frac{ln}{L}\right) \tag{2-47}$$

其中，$a_{k, l}$ 表示第 k 行第 l 列的像素网格交点处的散射系数幅度。式（2-47）等价于利用二维网格划分成像场景，在距离向上划分为 K 个网格，在方位向上划分为 L 个网格，整个成像场景一共可划分为 $K \times L$ 个像素网格。当第 k 行第 l 列的网格交点处存在等效散射点时，此网格点的幅度 $a_{k, l} \neq 0$；反之，当此位置处不存在等效散射点时，有 $a_{k, l} = 0$。由于 ISAR 目标可以看作由有限个强散射点组成，一般仅占成像场景中很小的一部分，即 $a_{k, l}$ 中仅有少数幅度为非零值，大多数幅度均为零或近似为零，这说明 ISAR 成像信号满足很强的空域稀疏性，故可将稀疏表示理论应用于 ISAR 成像中。

构造距离向傅里叶基矩阵 $F_R = [F_R(0), F_R(1), \cdots, F_R(m), \cdots, F_R(M-1)]^{\mathrm{T}}$，其中各行向量 $F_R(m)$ 可表示为 $F_R(m) = [1, \exp(-j2\pi m/K), \cdots, \exp(-j2\pi m(K-1)/K)]$。构造方位向傅里叶基矩阵 $F_A = [F_A(0), F_A(1), \cdots, F_A(n), \cdots, F_A(N-1)]$，其中各列向量 $F_A(n)$ 可表示为 $F_A(n) = [1, \exp(-j2\pi n/L), \cdots, \exp(-j2\pi n(L-1)/L)]^{\mathrm{T}}$。则 ISAR 回波可利用矩阵形式表示为

$$S = F_R A F_A \tag{2-48}$$

其中，S 是大小为 $M \times N$ 的 ISAR 回波数据，可通过式（2-47）中的回波 S 求得，F_R 是大小为 $M \times K$ 的距离向稀疏基矩阵，F_A 是大小为 $L \times N$ 的方位向稀疏基矩阵，A 是大小为 $K \times L$ 的散射系数矩阵，该矩阵可表示目标的 ISAR 二维图像，其中第 k 行第 l 列元素为 $a_{k, l}$。式（2-48）说明 ISAR 二维成像可等价为一个信号稀疏表示问题，利用稀疏重构方法获得 ISAR 图像。当 $K=M$，$L=N$ 时，可获得 ISAR 高分辨图像；当 $K>M$，$L>N$ 时，可实现 ISAR 超分辨成像，距离向和方位向的超分辨倍数分别为 K/M 和 L/N。

对于式（2-48）中二维耦合的稀疏表示问题，一般将二维信号模型转化为一维矢量形式进行求解。通过向量化处理和 Kronecker 乘积运算，式（2-48）中的矩阵形式可转化为式（2-49）所示一维矢量形式

$$s = (F_A)^{\mathrm{T}} \otimes F_R a = F a \tag{2-49}$$

其中，$s = \mathrm{vect}(S)$，$a = \mathrm{vect}(A)$，$\mathrm{vect}(\cdot)$ 为矢量化操作，表示将矩阵的所有列向量按照顺序堆叠为一个矢量，$F = (F_A)^{\mathrm{T}} \otimes F_R$ 表示矩阵 $(F_A)^{\mathrm{T}}$ 和 F_R 的 Kronecker 乘积。通过求解式（2-49）所示稀疏表示问题，即可实现 ISAR 超分辨成像。

2.3.3　实验结果及分析

本书实验均基于 MATLAB2016A 软件平台,实验环境为 Windows 10 64 位操作系统,所用计算机的处理器为 Intel 酷睿 i5-8265U,主频为 1.60 GHz 和 1.80 GHz,内存为 16 GB。以理想点散射模型建立目标模型,见图 2-2 所示。目标中包含 5 个散射点,坐标分别为 $(0, 0)$,$(0.5, 0.5)$,$(0.5, -0.5)$,$(-0.5, 0.5)$ 和 $(-0.5, -0.5)$,各散射点的散射系数幅度均为 1。假设成像过程中目标匀速转动,成像时雷达系统参数设置见表 2-2 所示。

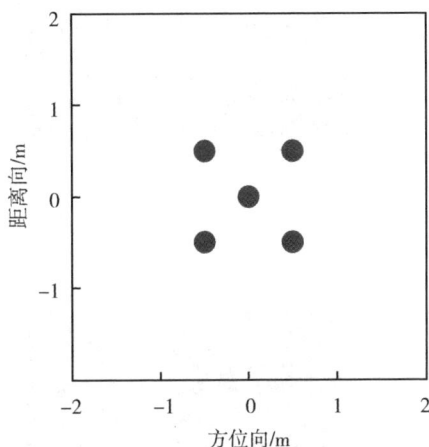

图 2-2　仿真目标模型

表 2-2　雷达系统参数

参数名称	参数值	参数名称	参数值
载频/GHz	10	累积脉冲个数/个	32
带宽/MHz	300	累积转角/(°)	1.71
采样率/MHz	360	转动角速度/(rad·s⁻¹)	0.28
脉冲宽度/μs	20	距离分辨率/m	0.5
脉冲重复频率/Hz	300	方位分辨率/m	0.5

经过运动补偿后,利用 RD 算法得到的成像结果见图 2-3(a)所示。由于发射信号带宽和观测累积转角有限,利用 RD 算法成像时,对应的距离分辨率和方位分辨率理论值均为 0.5 m,但受 FFT 压缩成像时旁瓣展宽和能量泄漏等因素的影响,从图 2-3(a)的 RD 成像结果中无法完全区分出这 5 个散射点。利用基于稀疏表示的二维联合超分辨成像方法,在距离维和方位维进行 2×2 倍超分

辨成像，成像结果见图 2-3(b)所示。从图 2-3(b)的超分辨成像结果中可以完全区分出 5 个散射点，且目标的散射系数幅度与设置值基本保持一致，这说明基于稀疏表示的超分辨成像方法可以准确地反映目标散射点的位置和散射幅度，有效地提高成像分辨率和成像质量。

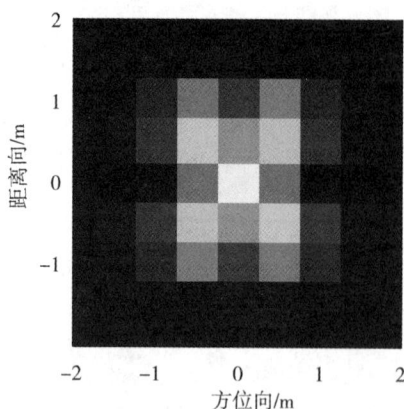

(a)RD 成像结果

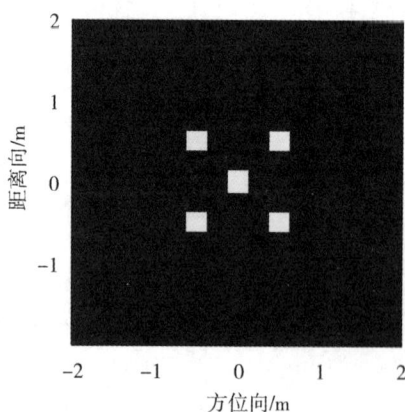

(b)超分辨成像结果

图 2-3　二维成像结果

为了进一步地验证超分辨成像算法的性能，基于 Yak-42 飞机实测数据进行成像实验。获得实测数据的雷达参数设置为：雷达载频为 5.52 GHz，带宽为 400 MHz，脉冲重复频率为 100 Hz，采样频率为 10 MHz，脉冲宽度为 25.6 μs，二维回波数据大小为 256×256。在 SNR 为 20 dB 条件下，抽取其中 128×128 的数据作为观测回波数据，对其余数据补零，观测回波数据见图 2-4(a)所示。直接利用 RD 算法得到的成像结果见图 2-4(b)所示，由于观测回波的有效数据量较少，所以利用 RD 算法得到的成像分辨率较低，无法准确得到目标的结构信息。利用基于稀疏表示的超分辨算法得到的成像结果见图 2-4(c)所示，经过二维超分辨成像后，成像结果中较为完整地保留了目标信息，可以分辨出目标的基本轮廓及其结构信息，体现了基于稀疏表示的超分辨算法在提高成像分辨率方面的优越性。

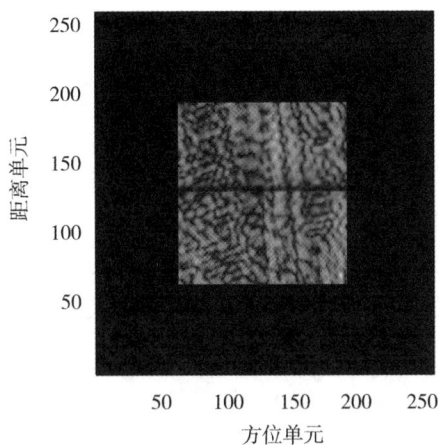

（a）观测回波

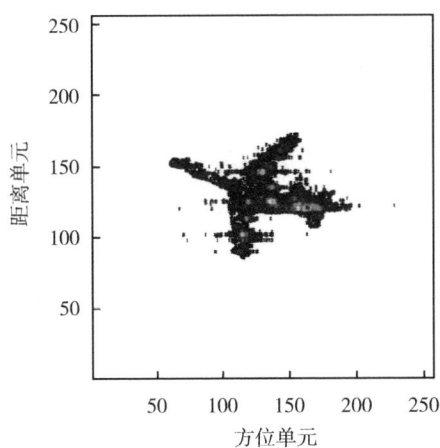

（b）RD 成像结果

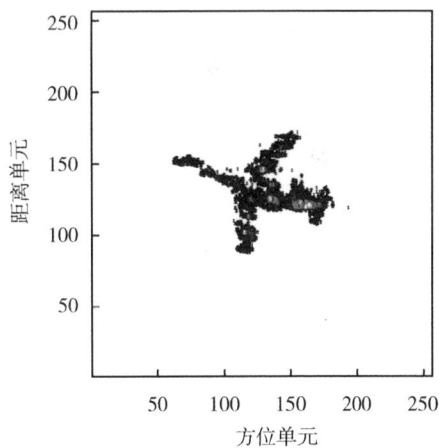

（c）超分辨成像结果

图 2-4　Yak-42 飞机实测数据成像结果

◆◇ 2.4　本章小结

    本章主要研究了 ISAR 成像原理及信号稀疏表示理论，并将稀疏表示理论应用到 ISAR 成像中，实现了 ISAR 超分辨成像。首先，根据 RD 算法实现流程，分别建立了基于理想点散射模型和 GTD 模型的 ISAR 成像回波信号，经过越分辨单元徙动校正后，推导了成像二维分辨率表达式，通过分析得知距离分辨率和方位分辨率的影响因素分别为发射信号带宽和观测累积转角。然后，介绍了稀疏表示理论核心内容，利用 ISAR 成像回波信号的稀疏性，将 ISAR 成像问题转化为一个信号稀疏表示问题进行求解，基于稀疏表示的 ISAR 成像方法突破了传统理论分辨率的限制，可实现超分辨成像，提高成像二维分辨率。最后，通过对仿真数据和实测数据的成像实验，验证了基于稀疏表示的 ISAR 成像方法的有效性，同时体现了利用稀疏表示方法提高 ISAR 成像分辨率的优越性。本章内容为后续将稀疏表示方法用于实现 ISAR 多雷达数据高分辨融合成像奠定了理论基础。

第3章 基于稀疏表示的多雷达信号
互相干处理

◆◇ 3.1 引 言

虽然利用稀疏表示方法可以在一定程度上提高单部雷达的成像分辨率，但若能利用多部雷达对目标的观测回波数据实现融合成像，则可以进一步地提高成像分辨率。在多部雷达观测条件下，由于受到不同雷达的系统时间同步误差、系统初相差以及目标与各雷达之间的距离差等因素影响，各雷达的回波信号之间往往是不相干的，此时需要进行多雷达信号互相干处理。保证多雷达回波信号间的相干匹配是实现 ISAR 多雷达数据融合成像的前提，而且信号的相干匹配程度直接决定了融合成像质量。多雷达回波信号间的非相干性主要体现在幅度和相位的非相干。其中，幅度差异可以通过归一化等方法进行补偿。本章主要研究非相干相位的估计与补偿方法。

多雷达回波信号间的非相干相位通常可以看作由一个线性相位项和一个固定相位项组成，现有的多雷达信号互相干处理方法大致可分为三类。第一类是基于重叠频带的互相干处理方法[70-72, 125]，利用多雷达信号间的重叠频带部分，通过最小均方误差准则[70]或距离像相关[125]等方法估计非相干相位。该类方法虽然原理简单、易于实现，但在实际情况下，多雷达信号的频带并不重叠或重叠部分数据量很少，需要先利用频谱外推等方法，将各雷达信号进行外推后，得到重叠频带数据，而频带外推效果易受噪声和外推长度的影响，当子频带之间缺失频段较大或回波中噪声较大时，频谱外推的精度不高，导致非相干相位估计误差较大，限制了算法的应用范围。第二类是基于全极点模型的互相干处理方法[75-77]，将各雷达信号表示为全极点模型，然后利用谱估计方法或矩阵束方法估计模型参数，进而得到非相干相位估计值。该类方法没有重叠频带数据的限制，建立模型简单，应用较为广泛，但需要对各雷达信号分别建模，对模型的依赖性较大，容易引入模型误差，且对模型阶数和极点的估计精度要求较高，估计结果易受噪声水平的影响。第三类是基于稀疏表示的互相干处理方法[78-79]，利用多雷达信号间非相干相位的唯一性，将多雷达信号互相干处理问题进行信号表示，采用稀疏重构方法实现求解，得到非相干相位的估计值。与基于全极点模型的方法相比，基于稀疏表示的方法不需要估计模型阶数，且在重构精度和抗噪性能方面具有优势。在估计非相干相位时，文献[78]和文献[79]分别利用 BP 算法或 SBL 算法实现稀疏重构，重构精度高且稳定性好，但算法的运算量较大。此外，在构造相干处理字典进行稀疏表示时，网格划分可能引起网格失配问题，导致非相干线性相位的真实值与估计值有偏差。因此，利用稀疏表示理论实现多雷达信号互相干处理时，需要在提高算法运算效率的同时，减轻网格失配影响。

针对多雷达信号互相干处理问题，本章提出了一种基于稀疏表示的多雷达信号互相干处理方法。首先，通过分析多雷达信号间的非相干相位，利用稀疏表示理论建立多雷达信号互相干处理的信号表示模型；其次，为了减轻网格失配影响，通过改进相干处理字典，在不增加字典维数的情况下，提高字典的离散精细化程度；再次，为了提高运算效率，采用 OMP 算法，求得非相干相位的估计值并进行补偿；最后，利用仿真数据和实测数据进行实验，验证所提方法的性能。

◆ 3.2　多雷达信号互相干处理的信号表示模型

利用稀疏表示理论实现多雷达信号互相干处理的关键是对多雷达信号互相干问题进行信号表示，需要在分析多雷达信号非相干相位的基础上，建立其信号表示模型。

3.2.1　多雷达信号非相干相位

以两部雷达的回波信号为例，进行多雷达信号非相干相位分析。假设雷达均发射 N 个脉冲的 LFM 信号，雷达 1 和雷达 2 的载频分别为 f_{c1} 和 f_{c2}，工作带宽

分别为 B_1 和 B_2, 利用雷达 1 和雷达 2 回波进行融合后得到的全频带雷达工作带宽为 B, 起始频率为 f_0。根据式(2-14), 经解线频调和平动补偿等预处理后, 两部雷达的回波在距离频域-方位慢时间域可分别表示为

$$S_1(f_{m1}, t_n) = \sum_{p=1}^{P} a_{p1} \cdot \exp\left(-j4\pi f_{m1}\frac{\Delta R_{p1}(t_n)}{c}\right) \tag{3-1}$$

$$S_2(f_{m2}, t_n) = \sum_{p=1}^{P} a_{p2} \cdot \exp\left(-j4\pi f_{m2}\frac{\Delta R_{p2}(t_n)}{c}\right) \tag{3-2}$$

其中, $f_{m1}=f_{c1}+f_1$, $f_{m2}=f_{c2}+f_2$, $a_{p1}=\sigma_p \cdot \left(j\dfrac{f_{m1}}{f_0}\right)^{\alpha_p}$, $a_{p2}=\sigma_p \cdot \left(j\dfrac{f_{m2}}{f_0}\right)^{\alpha_p}$, $\Delta R_{p1}(t_n)$ 和 $\Delta R_{p2}(t_n)$ 分别为目标质心与参考点到雷达 1 和雷达 2 之间的距离差, 由于实现融合成像的两部雷达位置一般相差不大, 在不考虑两部雷达与目标之间的距离差异时, 可近似认为 $\Delta R_{p1}(t_n) \approx \Delta R_{p2}(t_n) = \Delta R_p(t_n)$。

考虑到雷达系统自身硬件差异和距离误差等原因可能引起的时间延迟和初始相位, 则两部雷达回波可重新写为

$$S_1(f_{m1}, t_n) = \sum_{p=1}^{P} a_{p1} \cdot \exp\left(-j4\pi f_{m1}\frac{\Delta R_p(t_n)}{c}\right) \cdot \exp(-j2\pi f_{m1}\tau_1 + j\varphi_1) \tag{3-3}$$

$$S_2(f_{m2}, t_n) = \sum_{p=1}^{P} a_{p2} \cdot \exp\left(-j4\pi f_{m2}\frac{\Delta R_p(t_n)}{c}\right) \cdot \exp(-j2\pi f_{m2}\tau_2 + j\varphi_2) \tag{3-4}$$

其中, τ_1 和 τ_2 分别为雷达 1 和雷达 2 观测目标的距离误差以及自身系统硬件差异等原因引起的时延, φ_1 和 φ_2 分别为雷达 1 和雷达 2 的初始相位。将雷达回波信号的频率进行均匀采样, 频率采样间隔均为 Δf, 雷达 1 的频率可离散化表示为 $f_{m1}=f_0+m_1\Delta f$。其中, 频率采样序列 m_1 的取值为 $\{0, 1, \cdots, M_1-1\}$, $M_1=B_1/\Delta f$ 为雷达 1 回波信号的频率采样数, f_0 同时是雷达 1 信号的起始频率。雷达 2 的频率可离散化表示为 $f_{m2}=f_0+m_2\Delta f$。其中, 频率采样序列 m_2 的取值为 $\{M-M_2, M-M_2+1, \cdots, M-1\}$, $M_2=B_2/\Delta f$ 为雷达 2 回波信号的频率采样数, $M=B/\Delta f$ 为融合后全频带回波信号的频率采样数。

当 $M_1=M_2$ 时, 雷达 1 与雷达 2 的频率采样点数相同, 此时有

$$f_{m2}=f_0+m_2\Delta f=f_0+(m_1+M-M_2)\Delta f=f_{m1}+\Delta B \tag{3-5}$$

其中, $\Delta B=(M-M_2)\Delta f$。将式(3-5)代入式(3-4), 雷达 2 的回波信号可进一步表示为

$$S_2(f_{m1}, t_n) = \sum_{p=1}^{P} a_{p2} \cdot \exp\left(-j4\pi(f_{m1}+\Delta B)\frac{\Delta R_p(t_n)}{c}\right) \cdot \exp(-j2\pi(f_{m1}+\Delta B)\tau_2 + j\varphi_2)$$

$$
= \sum_{p=1}^{P} a_{p2} \cdot \exp\left(-\mathrm{j}4\pi f_{m1}\frac{\Delta R_p(t_n)}{c}\right) \cdot \exp(-\mathrm{j}2\pi f_{m1}\tau_1 + \mathrm{j}\varphi_1) \cdot \exp\left(-\mathrm{j}4\pi\Delta B\frac{\Delta R_p(t_n)}{c}\right) \cdot
$$

$$
\exp(-\mathrm{j}2\pi\Delta B\tau_2) \cdot \exp(\mathrm{j}(\varphi_2-\varphi_1)) \cdot \exp(-\mathrm{j}2\pi f_{m1}(\tau_2-\tau_1))
$$

$$
= G(f_{m1}, t_n) \cdot S_1(f_{m1}, t_n) \cdot \exp(-\mathrm{j}2\pi\Delta B\tau_2) \cdot \exp(\mathrm{j}(\varphi_2-\varphi_1)) \cdot
$$

$$
\exp(-\mathrm{j}2\pi f_{m1}(\tau_2-\tau_1)) \tag{3-6}
$$

其中,

$$
G(f_{m1}, t_n) =
$$

$$
\frac{\displaystyle\sum_{p=1}^{P} a_{p2} \cdot \exp\left(-\mathrm{j}4\pi f_{m1}\frac{\Delta R_p(t_n)}{c}\right) \cdot \exp(-\mathrm{j}2\pi f_{m1}\tau_1 + \mathrm{j}\varphi_1) \cdot \exp\left(-\mathrm{j}4\pi\Delta B\frac{\Delta R_p(t_n)}{c}\right)}{\displaystyle\sum_{p=1}^{P} a_{p1} \cdot \exp\left(-\mathrm{j}4\pi f_{m1}\frac{\Delta R_p(t_n)}{c}\right) \cdot \exp(-\mathrm{j}2\pi f_{m1}\tau_1 + \mathrm{j}\varphi_1)}
$$

$$
\approx \exp\left(-\mathrm{j}4\pi\Delta B\frac{\Delta R_p(t_n)}{c}\right) \tag{3-7}
$$

将 $f_{m1} = f_0 + m_1\Delta f$ 代入式(3-6), 可将式(3-6)重写为

$$
S_2(m_1, t_n) = S_1(m_1, t_n) \cdot \exp(-\mathrm{j}2\pi m_1\Delta f(\tau_2-\tau_1)) \cdot \exp\left(-\mathrm{j}4\pi\Delta B\frac{\Delta R_p(t_n)}{c}\right) \cdot
$$

$$
\exp(-\mathrm{j}2\pi\Delta B\tau_2) \cdot \exp(-\mathrm{j}2\pi f_0(\tau_2-\tau_1)) \cdot \exp(\mathrm{j}(\varphi_2-\varphi_1))
$$

$$
= S_1(m_1, t_n)\exp(\mathrm{j}m_1\gamma + \mathrm{j}\eta) \tag{3-8}
$$

其中,

$$
\gamma = -2\pi\Delta f(\tau_2-\tau_1) \tag{3-9}
$$

$$
\eta = -4\pi\Delta B\frac{\Delta R_p(t_n)}{c} - 2\pi\Delta B\tau_2 - 2\pi f_0(\tau_2-\tau_1) + (\varphi_2-\varphi_1) \tag{3-10}
$$

从式(3-8)可以看出, 两个雷达回波间的相位差可以看作由一个线性相位 γ 和一个固定相位 η 组成, 只要求出这两个相位, 即可实现雷达信号间的互相干相位补偿。需要指出的是, 上述推导均是以两部雷达具有相同的频率采样点数为前提进行的, 即有 $M_1 = M_2$。若 $M_1 \neq M_2$, 则可取两者中较小的值 $M_c = \min\{M_1, M_2\}$, 在两部雷达的回波信号中, 均取出长度为 M_C 的回波数据进行互相干处理。

3.2.2　建立信号表示模型

由于多雷达信号之间非相干相位的唯一性，式(3-8)满足对信号的稀疏性要求，故考虑利用稀疏表示方法实现多雷达信号互相干处理。相比于传统的互相干处理方法，基于稀疏表示的互相干处理方法不需要重叠频带和估计模型阶数，能够得到更高精度的参数估计，且算法抗噪性能强，估计结果更加稳健。

为了便于求解，只取某一个脉冲的回波信号进行分析。以雷达 1 回波信号为参考信号，根据式(3-8)，雷达 2 中第 n 个脉冲回波可写为

$$S_2(m_1, n) = S_1(m_1, n)\exp(jm_1\gamma + j\eta) = \tilde{a} \cdot S_1(m_1, n)\exp(jm_1\gamma) \qquad (3-11)$$

其中，$\tilde{a} = \exp(j\eta)$。

由于 $\exp(jm_1\gamma)$ 中相位的周期为 2π，所以线性相位项 γ 的取值范围为 $[0, 2\pi)$，将 γ 进行离散化处理，令 $\gamma = 2\pi q/Q\,(q = 0, 1, \cdots, Q-1$ 且 $Q \gg M_1)$。此时，式(3-11)可稀疏表示为

$$s_2 = F_n a_n \qquad (3-12)$$

其中，s_2 为雷达 2 中第 n 个脉冲对应的回波信号，可表示为 $s_2 = [S_2(0, n), S_2(1, n), \cdots, S_2(M_1-1, n)]^T$；$a_n$ 为稀疏系数矢量，可表示为 $a_n = [a_n(0, n), a_n(1, n), \cdots, a_n(Q-1, n)]^T$；$F_n$ 为相干处理字典，可表示为

$$F_n = \begin{bmatrix} S_1(0, n) & S_1(0, n) & \cdots & S_1(0, n) \\ S_1(1, n) & S_1(1, n)e^{j2\pi\frac{1}{Q}} & \cdots & S_1(1, n)e^{j2\pi\frac{Q-1}{Q}} \\ \vdots & \vdots & & \vdots \\ S_1(M_1-1, n) & S_1(M_1-1, n)e^{j2\pi\frac{(M_1-1)\cdot 1}{Q}} & \cdots & S_1(M_1-1, n)e^{j2\pi\frac{(M_1-1)(Q-1)}{Q}} \end{bmatrix}$$

$$(3-13)$$

◆◇ 3.3　减轻网格失配影响

将线性相位项 γ 离散化的本质是进行网格划分构造相干处理字典，当设置合适的字典维数 Q 使得线性相位项 γ 正好位于构造相干处理字典所划分的网格中心时，不存在网格失配的情况，通过稀疏重构方法求解式(3-13)可得到较

为准确的估计值。但当线性相位项 γ 不位于网格中心而偏离网格时，通过求解式(3-13)只能估计到与真实值最接近的网格中心上，此时存在网格失配问题，导致线性相位项的估计精度受到影响，进而影响非相干相位估计结果。图 3-1(a)中模拟了线性相位项在 3 种不同取值条件下的参数估计情况，其中灰点表示线性相位项的真实值(γ_1，γ_2，γ_3)，黑点表示线性相位项的估计值(γ_1'，γ_2'，γ_3')。从图 3-1(a)可以看出，线性相位项的估计值只能位于划分的网格上，当真实值偏离网格位置较大时，估计结果产生的误差也较大，导致估计值与真实值无法完全吻合，使得线性相位项在估计过程中产生不同程度的网格失配现象。为了减轻网格失配带来的影响，需要细化网格划分尺寸，使得字典更加精细，以提高相位估计精度。将网格划分间距缩小为原来的 $1/2$，仍然用灰点和黑点分别表示线性相位项的真实值(γ_1，γ_2，γ_3)与估计值(γ_1''，γ_2''，γ_3'')，图 3-1(b)模拟了网格细分后线性相位项在 3 种不同取值条件下的参数估计情况。从图 3-1(b)中可以看出，γ_1 与 γ_1'' 基本重合，γ_2 和 γ_3 与各自估计值之间的误差均比图 3-1(a)中的小，说明利用细化网格划分尺寸的方法可有效减轻网格失配影响，从而减小线性相位项的估计误差。

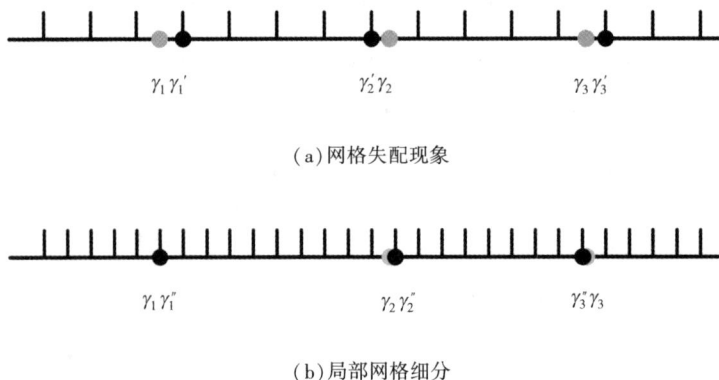

(a)网格失配现象

(b)局部网格细分

图 3-1 网格失配现象及局部网格细分

若通过直接增大字典维数 Q 的方法来细化网格划分尺寸，虽然在一定程度上可以提高非相干相位估计精度，但同时运算量会随着字典维数的增大而变大。为了在提高线性相位离散精细化程度的同时不增加字典维数，可缩小网格划分区域，将线性相位项 γ 的取值范围由 $[0, 2\pi)$ 缩小为 $[0, 2\pi/U)$，其中 U 为网格区域缩小参数且有 $U \geqslant 1$。此时，改进的相干处理字典 $\widetilde{\boldsymbol{F}}_n$ 可表示为

$$
\widetilde{\boldsymbol{F}}_n = \begin{bmatrix}
S_1(0, n) & S_1(0, n) & \cdots & S_1(0, n) \\
S_1(1, n) & S_1(1, n)\,\mathrm{e}^{\mathrm{j}2\pi\frac{1}{UQ}} & \cdots & S_1(1, n)\,\mathrm{e}^{\mathrm{j}2\pi\frac{Q-1}{UQ}} \\
\vdots & \vdots & & \vdots \\
S_1(M_1-1, n) & S_1(M_1-1, n)\,\mathrm{e}^{\mathrm{j}2\pi\frac{(M_1-1)\cdot 1}{UQ}} & \cdots & S_1(M_1-1, n)\,\mathrm{e}^{\mathrm{j}2\pi\frac{(M_1-1)(Q-1)}{UQ}}
\end{bmatrix}
$$

$$(3-14)$$

通过改进相干处理字典，式(3-12)可重新表示为

$$
\boldsymbol{s}_2 = \begin{bmatrix}
S_2(0, n) \\
S_2(1, n) \\
\vdots \\
S_2(M_1-1, n)
\end{bmatrix}
$$

$$
= \begin{bmatrix}
S_1(0, n) & S_1(0, n) & \cdots & S_1(0, n) \\
S_1(1, n) & S_1(1, n)\,\mathrm{e}^{\mathrm{j}2\pi\frac{1}{UQ}} & \cdots & S_1(1, n)\,\mathrm{e}^{\mathrm{j}2\pi\frac{Q-1}{UQ}} \\
\vdots & \vdots & & \vdots \\
S_1(M_1-1, n) & S_1(M_1-1, n)\,\mathrm{e}^{\mathrm{j}2\pi\frac{(M_1-1)\cdot 1}{UQ}} & \cdots & S_1(M_1-1, n)\,\mathrm{e}^{\mathrm{j}2\pi\frac{(M_1-1)(Q-1)}{UQ}}
\end{bmatrix} \cdot
$$

$$
\begin{bmatrix}
a_n(0, n) \\
a_n(1, n) \\
\vdots \\
a_n(Q-1, n)
\end{bmatrix}
$$

$$
= \widetilde{\boldsymbol{F}}_n \boldsymbol{a}_n \tag{3-15}
$$

◆◇ 3.4　非相干相位的估计与补偿

由于两部雷达之间的非相干相位是唯一的，即在式(3-15)的向量 $\boldsymbol{a}_n$ 中只有一个非零元素，其余元素均为零，满足稀疏性要求，因此，可利用稀疏重构算法求解式(3-15)。OMP 算法[119]原理简单，运算效率高，是一种常用的稀疏重构算法。本节采用 OMP 算法求解式(3-15)，OMP 算法的实现流程图见图

3-2 所示。具体实现步骤如下。

①参数初始化。令残差 $r_0 = s_2$，定义索引集 $\Lambda_0 = \varnothing$，对应的原子集合 $F_{\Lambda_0} = \varnothing$，初始迭代次数 $g = 1$，设置总迭代次数为 G。

②寻找最大相关匹配原子。计算相干处理字典 $\widetilde{F}_n$ 中的每个列原子 F_q（$q = 1, 2, \cdots, Q$）与残差 r_{g-1} 的内积 $\langle r_{g-1} \cdot F_q \rangle$，选出内积模值最大时对应的列原子索引值 ϕ_g。

③更新索引集和原子集。将选出的最大相关匹配原子的索引值 ϕ_g 加入到索引集中，得到更新的索引集为 $\Lambda_g = \Lambda_{g-1} \cup \{\phi_g\}$，将最大相关匹配原子 F_{ϕ_g} 加入到原子集中，得到更新的原子集为 $F_{\Lambda_g} = F_{\Lambda_{g-1}} \cup \{F_{\phi_g}\}$。

④更新残差。利用最小二乘法计算残差 $r_g = s - F_{\Lambda_g} F_{\Lambda_g}^{\dagger} s$。

⑤判断是否停止迭代，若满足迭代终止条件，则退出循环，得到系数向量估计值 $\hat{a}_n = F_{\Lambda_g}^{\dagger} s$；否则，令 $g = g+1$，转到步骤②继续进行下一次迭代。

算法中原子集 F_{Λ} 表示由索引集 Λ 中所有索引指向矩阵 $\widetilde{F}_n$ 中的列向量构成的矩阵；$F_{\Lambda_g}^{\dagger}$ 表示矩阵 F_{Λ_g} 的伪逆矩阵，有 $F_{\Lambda_g}^{\dagger} = (F_{\Lambda_g}^{H} F_{\Lambda_g})^{-1} F_{\Lambda_g}^{H}$，其中 $F_{\Lambda_g}^{H}$ 表示矩阵 F_{Λ_g} 的共轭转置矩阵。

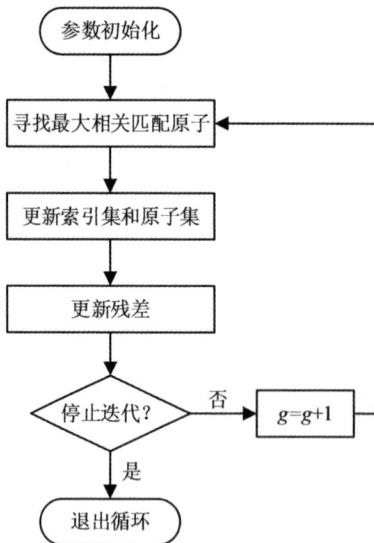

图 3-2　OMP 算法实现流程图

根据式（3-11）与式（3-15）的对应关系，式（3-15）的系数向量 a_n 中非零元素的幅值和位置分别与式（3-11）的 $\tilde{a}$ 和 γ 有关。假设向量 a_n 中唯一的非零元素为第 i 个元素，幅值为 $a_n(i-1, n)$。由于 $\tilde{a}=\exp(j\eta)$，$\gamma=2\pi q/(UQ)$，所以可通过计算 $a_n(i-1, n)$ 的相位估计固定相位项 η，可通过计算 $2\pi(i-1)/(UQ)$ 估计线性相位项 γ。同样，假设系数向量估计值 $\hat{a}_n$ 中模值最大的元素（即非零元素）为第 i 个元素，其幅值为 $\hat{a}_n(i-1, n)$，则线性相位项的估计值为 $\hat{\gamma}=2\pi(i-1)/(UQ)$，固定相位项的估计值为 $\hat{\eta}=\mathrm{angle}(\hat{a}_n(i-1, n))$，其中 $\mathrm{angle}(x)$ 表示求 x 的相位。

得到线性相位项估计值 $\hat{\gamma}$ 和固定相位项估计值 $\hat{\eta}$ 后，通过对雷达 2 回波进行非相干相位补偿，可得到与雷达 1 回波信号相干的雷达 2 回波信号。经过相位补偿后的雷达 2 回波信号可写为 $\hat{S}_2(m_2, n)=S_2(m_2, n)\exp(-jm_2\hat{\gamma}-j\hat{\eta})$。

◆◇ 3.5　算法实现流程

综上所述，基于稀疏表示的多雷达信号互相干处理方法实现流程图见图 3-3 所示，具体步骤如下。

①建立多雷达回波信号的非相干相位模型；

②构造相干处理字典，对多雷达信号互相干处理模型进行稀疏表示，在网格失配条件下，通过细化网格尺寸改进相干处理字典，减轻网格失配带来的影响；

③采用 OMP 算法求解多雷达信号互相干处理的稀疏表示问题，得到系数矢量的重构结果；

④利用系数矢量中非零元素与非相干相位间的对应关系，得到非相干线性相位项和固定相位项的估计值；

⑤利用非相干线性相位项和固定相位项估计值对雷达 2 回波进行非相干相位补偿，得到相干的多雷达回波信号。

依次对所有脉冲的回波信号进行上述非相干相位估计与补偿，即可得到互相干的多雷达信号，为后续进行多雷达数据融合成像奠定了基础。

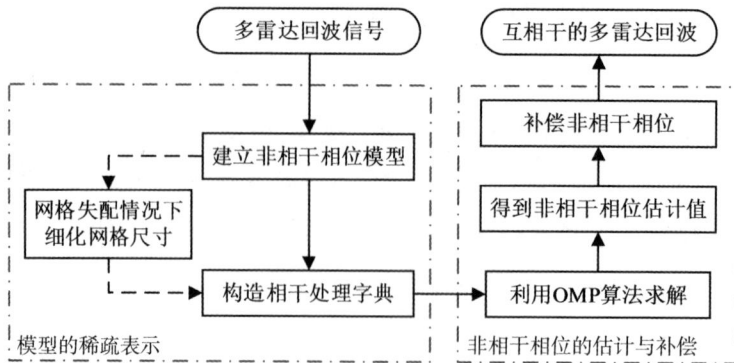

图3-3　基于稀疏表示的多雷达信号互相干处理方法实现流程图

◆◇ 3.6　实验结果及分析

本节分别基于仿真数据及实测数据进行多雷达信号互相干处理实验，验证所提多雷达信号互相干处理方法的性能。

3.6.1　仿真数据

雷达系统的参数设置见表3-1所示。

表3-1　雷达系统参数

参数名称	雷达1		雷达2		全频带雷达	
频带/GHz	20	21	23	24	20	24
带宽/GHz	1		1		4	
频率采样间隔/MHz	10		10		10	
频率采样点数	100		100		400	
距离分辨率/m	0.15		0.15		0.0375	

假设目标在距离向上共有5个独立的散射点，经预处理后，两部雷达的频率响应可表示为

$$S_i(m_i) \approx \sum_{p=1}^{5} \sigma_p \cdot \left(j\frac{f_0 + m_i \Delta f}{f_0} \right)^{\alpha_p} \cdot \exp\left(-j\frac{4\pi}{c}(f_0 + m_i \Delta f)\Delta r_p \right) (i=1, 2)$$

$$(3-16)$$

其中，σ_p 为散射点 p 的散射系数，有 $\sigma_1 = 3$，$\sigma_2 = 4$，$\sigma_3 = 5$，$\sigma_4 = 6$，$\sigma_5 = 7$；α_p 为散射点的频率依赖因子，有 $\alpha_1 = -1$，$\alpha_2 = 0$，$\alpha_3 = 0.5$，$\alpha_4 = 1$，$\alpha_5 = -0.5$；$f_0 =$

20 GHz 为起始频率；$\Delta f = 10$ MHz 为频率采样间隔；Δr_p 为散射点 p 到参考点的相对距离，有 $\Delta r_1 = 0.3$ m，$\Delta r_2 = 1$ m，$\Delta r_3 = 1.8$ m，$\Delta r_4 = 2.6$ m，$\Delta r_5 = 3.5$ m。当 $i = 1$ 时，频率采样序列 m_1 的取值为 $\{0, 1, \cdots, M_1 - 1\}$，其中 $M_1 = 100$，S_1 为雷达 1 对应的频率响应；当 $i = 2$ 时，频率采样序列 m_2 的取值为 $\{M - M_2, M - M_2 + 1, \cdots, M - 1\}$，其中 $M_2 = 100$，$M = 400$，S_2 为雷达 2 对应的频率响应；当频率采样序列 $m = 0, 1, \cdots, M - 1$ 时，S 为全频带雷达对应的频率响应。

在信号相干情况下，雷达 1 与雷达 2 的一维距离像见图 3-4（a）所示，可以看出，二者的一维距离像是基本重合的。雷达 1、雷达 2 与全频带雷达频率响应的实部见图 3-4（b）所示，可以看出，在各自的频带范围内，雷达 1、雷达 2 的频率响应与全频带雷达的频率响应是重合的，说明此时两部雷达间的回波信号是相干的。

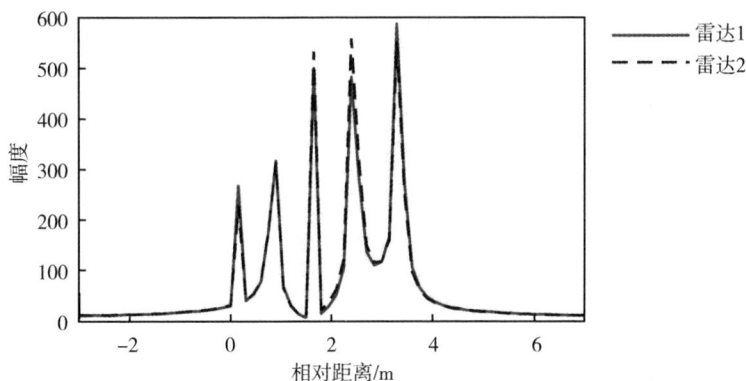

（a）一维距离像

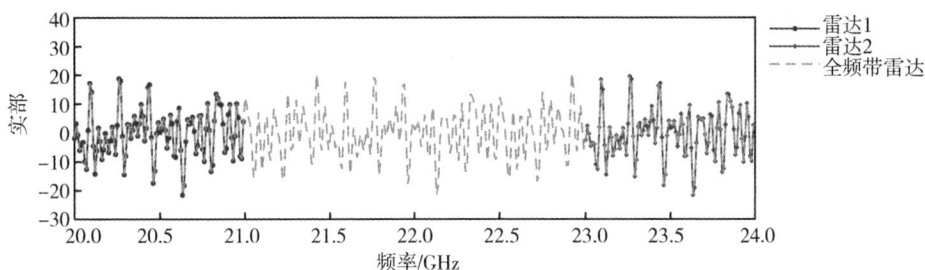

（b）频率响应

图 3-4　相干雷达信号的一维距离像及频率响应

3.6.1.1　算法有效性验证

为验证本章所提的多雷达信号互相干处理方法的有效性，在雷达 2 的频率响应中添加 $\gamma = \pi/7$ 的线性相位项和 $\eta = \pi/6$ 的固定相位项，使得雷达 2 与雷达

1 的频率响应是非相干的。此时，雷达 1 与雷达 2 的一维距离像见图 3-5(a)所示，可以看出，由于雷达 2 信号中存在非相干线性相位，导致其一维距离像发生了移位，因此两部雷达的一维距离像并不重合。图 3-5(b)为雷达 1、雷达 2 与全频带雷达频率响应的实部，可以看出，雷达 2 的频率响应与全频带雷达中对应频带的频率响应相差较大，这是因为雷达 2 回波信号中存在非相干相位，导致其回波信号与雷达 1 和全频带雷达的回波信号不相干。接下来将以雷达 1 回波信号为基准，利用观测得到的两部雷达回波数据进行互相干处理。

在各雷达的频率响应中添加高斯白噪声，使得 SNR 为 25 dB。若采用基于稀疏表示的多雷达信号互相干处理方法，需要考虑是否存在网格失配现象。令 $Q = 300$，若直接构造相干处理字典 F，线性相位项可离散化表示为 $\gamma = 2\pi q/Q$，计算得到线性相位项的真实值 $\gamma = \pi/7$ 所对应的列数为 $q = 150/7$，由于 q 并不为整数，所以在字典中没有与线性相位项真实值完全对应的列原子，利用稀疏表示方法进行重构时，只能选择与真实值最接近的列原子得到线性相位估计值，此时存在网格失配现象。

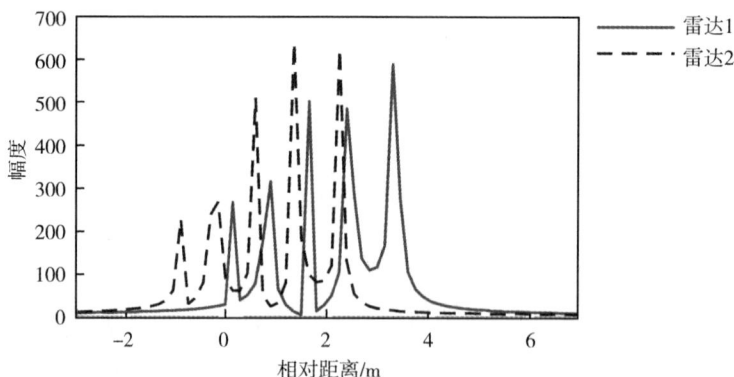

(a)一维距离像

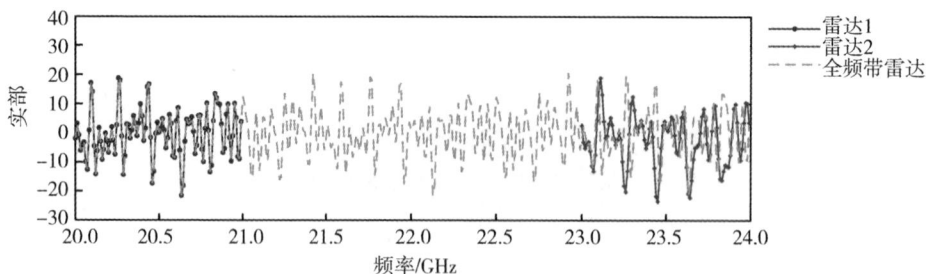

(b)频率响应

图 3-5 非相干雷达信号的一维距离像及频率响应

　　为了减轻网格失配带来的影响，可通过构造改进的相干处理字典 $\widetilde{\boldsymbol{F}}$ 来估计非相干相位。令 $U=1$ 和 $U=10$，当 $U=1$ 时对应相干处理字典 $\boldsymbol{F}$（未考虑网格失配现象），当 $U=10$ 时对应改进的相干处理字典 $\widetilde{\boldsymbol{F}}$（考虑了网格失配现象）。在这两种不同相干处理字典情况下，分别采用 OMP 算法进行稀疏求解，得到的非相干相位估计结果见表 3-2 所示。可以看出，$U=1$ 时线性相位项和固定相位项估计结果的相对误差均比 $U=10$ 时大，说明网格失配情况下利用改进的相干处理字典能有效地减小非相干相位的估计误差，提高估计精度。

表 3-2　基于稀疏表示的非相干相位估计结果

U	线性相位		固定相位	
	估计值	相对误差	估计值	相对误差
$U=1$	0.4398	2.00%	0.5521	3.53%
$U=10$	0.4482	0.13%	0.5312	1.45%

　　为了更直观地显示互相干处理效果，利用非相干相位估计值对雷达 2 的信号进行相干补偿。$U=1$ 时雷达 1 和相干补偿后雷达 2 的一维距离像见图 3-6（a）所示，可以看出，此时两部雷达的一维距离像之间存在一定的差异，表明在不考虑网格失配现象的情况下，构造相干处理字典估计非相干相位时对线性相位估计精度不够，经过相干补偿后，两部雷达回波信号间仍存在一定的线性相位误差，导致一维距离像没有完全重合。$U=10$ 时雷达 1 和相干补偿后雷达 2 的一维距离像见图 3-6（b）所示，可以看出，此时两部雷达的一维距离像已基本重合，表明此时两部雷达信号间的非相干线性相位已被较好地补偿。通过对比可以发现，利用改进的相干处理字典能有效地减轻网格失配影响，提高非相干相位的估计精度。

　　由于两部雷达的一维距离像差异只能反映二者之间的非相干线性相位项是否被有效地补偿，而无法体现非相干固定相位项的补偿效果，通过比较各雷达的频率响应可以进一步地验证非相干相位的补偿效果。$U=1$ 时经相干补偿后各雷达的频率响应实部见图 3-7（a）所示，可以看出，经相干补偿后雷达 2 的频率响应和全频带雷达中对应频带的频率响应并不一致，说明在未考虑网格失配现象时利用相干处理字典对雷达 2 中非相干相位的估计误差较大，导致经补偿后的雷达 2 信号仍未与雷达 1 信号和全频带雷达信号完全相干。$U=10$ 时经相

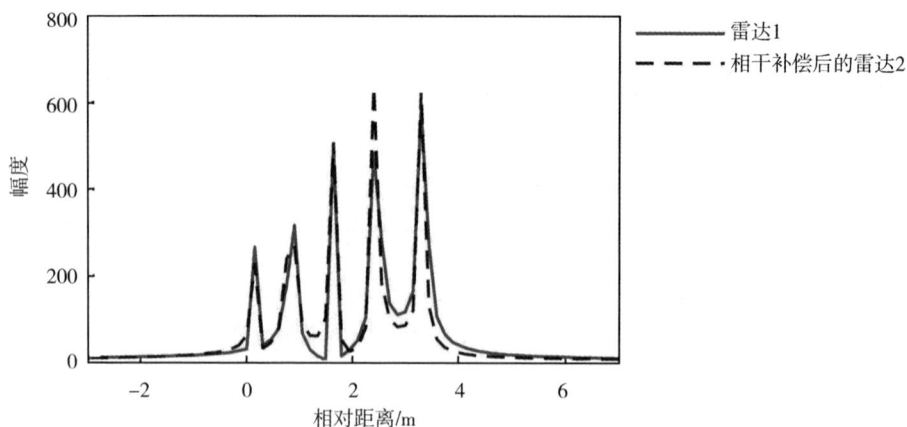

（a）一维距离像（$U=1$）

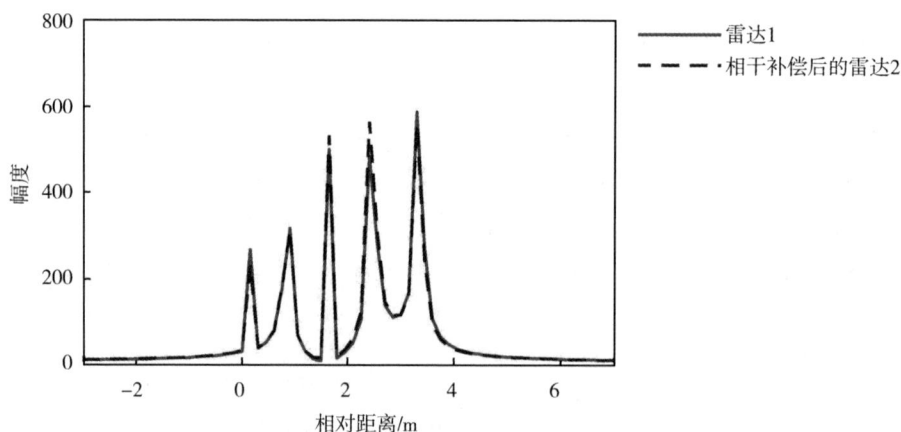

（b）一维距离像（$U=10$）

图3-6　相干补偿后各雷达的一维距离像

干补偿后各雷达的频率响应实部见图3-7（b）所示，可以看出，此时雷达2的频率响应与全频带雷达中对应的频率响应基本一致，说明利用改进的相干处理字典可提高非相干相位的估计精度，在网格失配情况下，也能使雷达间的非相干相位得到精确补偿，体现了所提多雷达信号互相干处理方法的有效性。

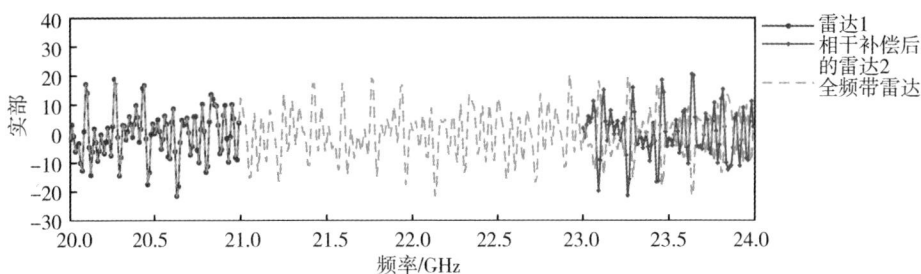

(a)频率响应(U=1)

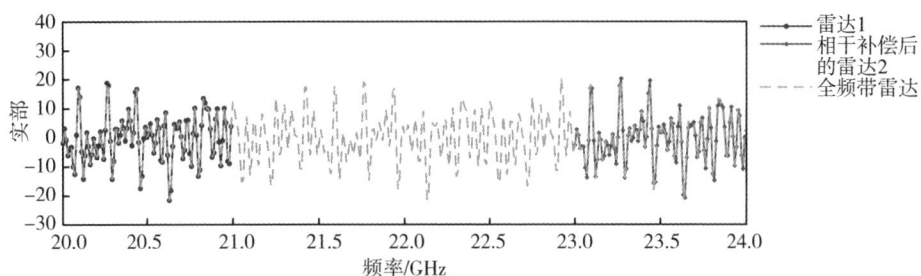

(b)频率响应(U=10)

图 3-7　相干补偿后各雷达的频率响应

3.6.1.2　算法抗噪性验证

为了进一步地验证算法的抗噪性能,改变回波信号的 SNR,在不同 SNR 条件下,分别采用文献[75]所提的基于全极点模型的方法和本章所提的基于稀疏表示的方法估计非相干相位,在基于稀疏表示方法的处理过程中,设置 $U=10$,通过构造改进的相干处理字典求解非相干相位。设置 SNR 的步长为 3 dB,范围为 0~30 dB,在每个固定的 SNR 条件下,分别进行 100 次独立的蒙特卡罗仿真,将 100 次实验中得到的非相干相位平均值作为该 SNR 条件下的非相干相位估计值,图 3-8(a)和图 3-8(b)分别为估计得到的非相干线性相位项和固定相位项的相对误差随着 SNR 变化曲线。

从图 3-8(a)可以看出,随着 SNR 降低,采用基于稀疏表示方法估计线性相位项的相对误差很小,且随着 SNR 变化也很小,说明在估计线性相位时噪声对该算法影响较小。相比之下,采用基于全极点模型的方法估计线性相位项的相对误差较大,且随着 SNR 变化较为明显,这是因为全极点模型的方法对模型

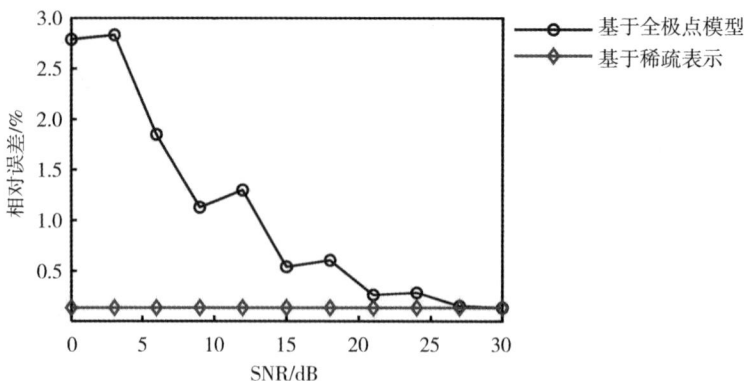

（a）线性相位估计

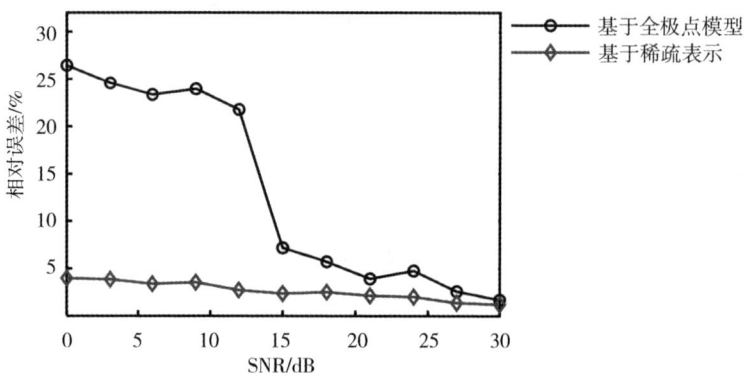

（b）固定相位估计

图 3-8 非相干相位估计的相对误差随着 SNR 变化曲线

阶数的估计精度要求较高，而利用 Root-MUSIC 方法估计模型阶数时易受噪声水平的影响，在低 SNR 条件下，可能无法正确估计出极点个数，使得线性相位项估计误差较大。从图 3-8（b）可以看出，随着 SNR 降低，采用两种方法估计固定相位项的相对误差都有所增大，其中基于全极点模型的方法变化幅度较大，特别是当 SNR 低于 15 dB 时，估计误差急剧增大，无法正确地估计固定相位项，算法已基本失效。相比之下，采用基于稀疏表示的方法估计固定相位项的相对误差随着 SNR 的变化幅度较小，即使在 SNR 为 0 dB 条件下，仍能较为准确地估计出线性相位项和固定相位项，体现了该方法在抗噪性能方面的优越性。

为了直观地对比两种互相干处理方法在低 SNR 条件下对非相干相位的估

计效果，在 SNR 为 5 dB 条件下，分别采用两种方法进行多雷达信号互相干处理，得到的非相干相位估计结果见表 3-3 所示。

表 3-3　非相干相位估计结果(SNR 为 5 dB)

	线性相位		固定相位	
	估计值	相对误差	估计值	相对误差
基于全极点模型	0.4604	2.58%	0.3988	23.83%
基于稀疏表示	0.4482	0.13%	0.5055	3.46%

从表 3-3 可以看出，此时基于全极点模型方法的非相干相位估计误差均高于基于稀疏表示方法。在低 SNR 条件下，采用全极点模型方法估计非相干相位时，Root-MUSIC 算法对极点的估计精度易受噪声水平的影响，导致非相干线性相位项的估计存在误差，进而影响后续对非相干固定相位项的估计，而且在采用最小二乘法估计极点对应的复幅度时，算法本身性能也容易受到噪声的影响，导致对固定相位项的估计相对误差较大，不能准确地估计出固定相位项。而基于稀疏表示方法对噪声的鲁棒性较强，在低 SNR 条件下，也能较为准确地估计非相干相位。

分别利用两种方法得到的非相干相位估计值对雷达 2 信号进行相干补偿，补偿后各雷达的一维距离像见图 3-9 所示。从图 3-9(a)可以看出，采用基于全极点模型的方法进行互相干处理后，两部雷达的一维距离像在峰值位置和幅度上存在一定的差异。从图 3-9(b)可以看出，采用基于稀疏表示的方法进行互相干处理后，两部雷达的一维距离像在峰值位置上基本重合，且幅度基本一致。另外，对比分析图 3-9(a)和图 3-9(b)可知，在低 SNR 条件下，基于稀疏表示的方法对非相干线性相位的估计精度比基于全极点模型的方法高，能更有效地实现多雷达信号互相干处理。

经非相干相位补偿后各雷达的频率响应见图 3-10 所示。从图 3-10(a)可以看出，采用基于全极点模型的方法实现相干补偿后，雷达 2 的频率响应与全频带雷达中对应频带的频率响应之间存在失配现象，说明该方法在低 SNR 条件下对非相干相位的估计误差较大，导致无法有效地实现非相干相位补偿。从图 3-10(b)可以看出，采用基于稀疏表示的方法实现相干补偿后，雷达 2 的频率响应与全频带雷达中对应频带的频率响应基本匹配，说明该方法在低 SNR 条件下仍可以较好地实现非相干相位补偿，体现了该算法在抗噪性能方面的优越性。

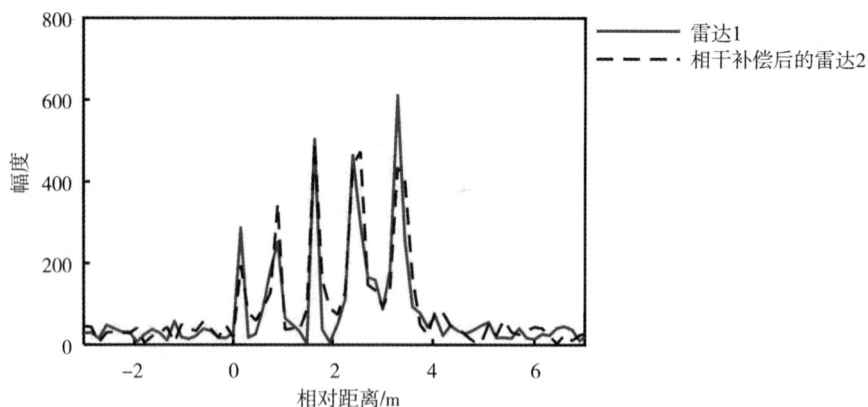

（a）基于全极点模型

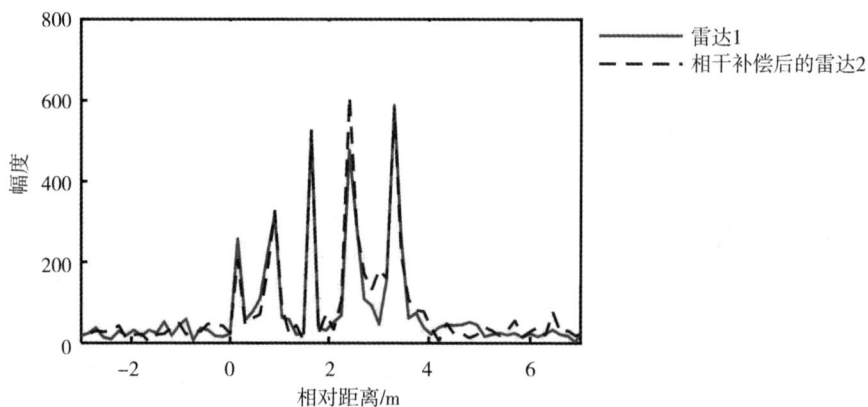

（b）基于稀疏表示

图 3-9 相干补偿后各雷达的一维距离像

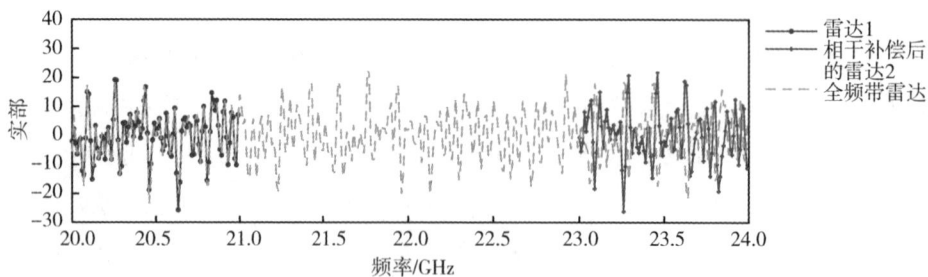

（a）基于全极点模型

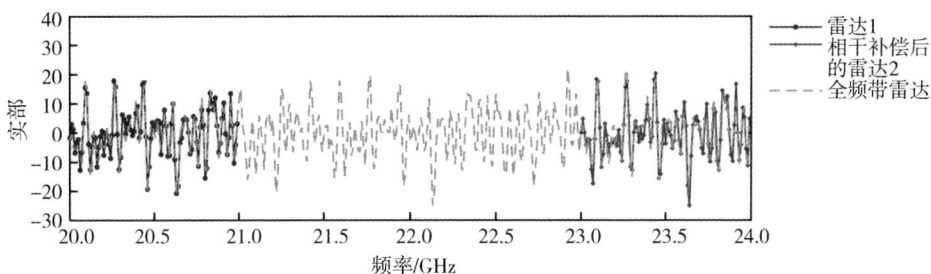

（b）基于稀疏表示

图 3-10　相干补偿后各雷达的频率响应

3.6.2　实测数据

为了验证互相干处理方法处理实际复杂目标回波数据的有效性，利用 Yak-42 飞机实测数据进行实验验证，雷达参数设置与 2.3.3 节中获取 Yak-42 飞机实测数据的雷达参数设置一致，ISAR 成像回波数据中共包含 256 个脉冲，每个脉冲的全频带回波中共包含 256 个频率采样点数据。

从全频带回波数据中分块采样得到子频带的回波数据。其中，子频带 1 的回波数据为前 64 个频率采样点包含的数据，子频带 2 回波数据为后 64 个频率采样点包含的数据。为了验证互相干处理方法的有效性，在子频带 2 回波数据中添加 $\pi/9$ 的线性相位项和 $\pi/8$ 的固定相位项，为回波添加高斯白噪声，使得 SNR 为 20 dB。分别采用基于全极点模型和基于稀疏表示的两种方法对每个脉冲回波进行非相干相位估计及补偿。

图 3-11 给出了采用基于全极点模型方法得到的第 130 个脉冲回波对应的两个子频带的极点估计结果。可以看出，各子频带中该脉冲回波的极点估计个数均为 8，但对应的极点之间偏离单位圆的位置存在一定的失配现象，影响了极点之间的配对准确度，进而影响了非相干相位的估计精度。

采用基于全极点模型方法得到的非相干线性相位项的估计值为 0.3604，相对误差为 3.25%；非相干固定相位项的估计值为 0.4540，相对误差为 15.61%。采用基于稀疏表示方法（$U=10$）得到的非相干线性相位项的估计值为 0.3506，相对误差为 0.45%；非相干固定相位项的估计值为 0.4046，相对误差为 3.03%。可以看出，基于全极点模型方法的非相干相位估计误差均高于基于稀

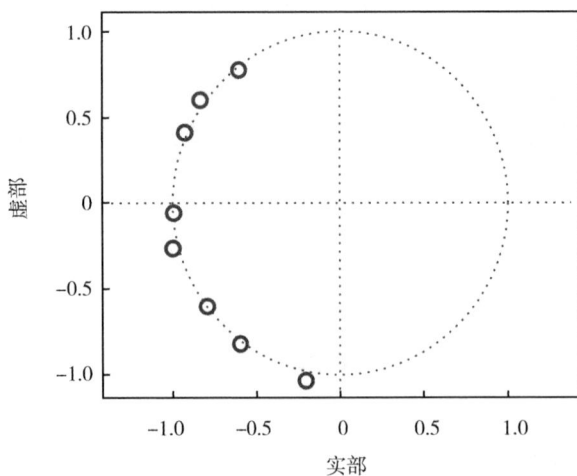

（a）子频带 1 极点估计结果

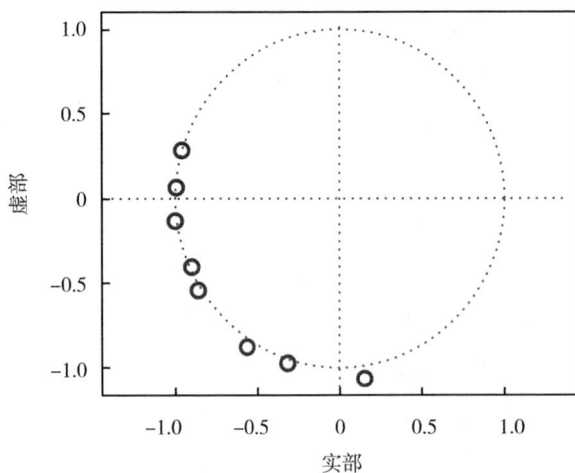

（b）子频带 2 极点估计结果

图 3-11　子频带的极点估计结果（第 130 个脉冲回波）

疏表示方法。

　　图 3-12 直接给出了采用两种方法进行相干补偿后的第 130 个脉冲回波对应的频率响应图。从图 3-12（a）可以看出，采用基于全极点模型方法进行相干补偿后，由于存在估计误差较大，子频带 2 中非相干相位未被完全补偿，导致

子频带 2 与全频带回波中对应的频谱间仍存在一定的失配现象。从图 3-12(b)
可以看出,采用基于稀疏表示方法进行相干补偿后,子频带 2 与全频带回波中
对应的频谱基本是匹配的,这说明此时非相干相位已得到较好的补偿,使得两
个子频带信号之间是相干的,验证了所提互相干处理方法的有效性,同时体现
了该方法在处理实测数据时的优越性。

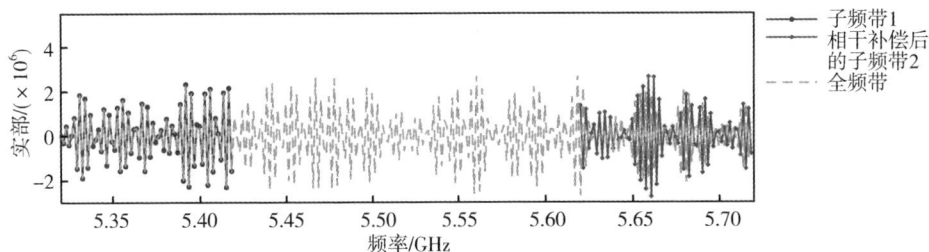

(a)基于全极点模型

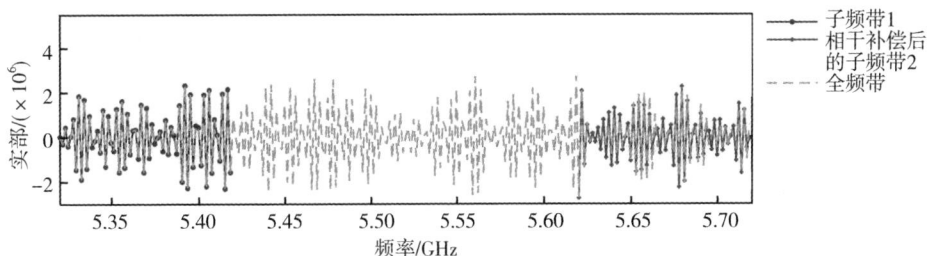

(b)基于稀疏表示

图 3-12　相干补偿后的频率响应(第 130 个脉冲回波)

◆◇ 3.7　本章小结

　　为了保证多雷达信号间的相位相干性,本章提出了一种基于稀疏表示的多
雷达信号互相干处理方法。首先,分析了多雷达回波信号间的非相干相位,通
过构造相干处理字典建立了多雷达信号互相干处理的信号表示模型。其次,考
虑了基于稀疏表示方法中容易出现的网格失配现象,通过细化网格划分尺寸改
进相干处理字典,减轻了网格失配影响,进一步地提高了非相干相位估计精度。

再次，采用简单快速的 OMP 算法进行稀疏重构，得到非相干相位的估计值并进行补偿，提高了互相干处理方法的运算效率。最后，总结了基于稀疏表示的多雷达信号互相干处理方法的实现流程。实验结果表明：与现有的互相干处理方法相比，所提方法拥有更优的非相干相位估计精度和抗噪性能，能够有效地完成多雷达信号间的相干匹配。本章的研究内容可以保证多雷达信号的相干性，是后续进行多雷达数据融合成像的前提。

第4章　基于稀疏贝叶斯模型的同视角多频带 ISAR 融合成像

◈ 4.1　引　言

  ISAR 成像的距离分辨率与发射信号带宽有关，传统的方法通过直接增加雷达的发射信号带宽来提高距离分辨率，但该方法不仅会增加硬件复杂度和制造成本，而且对雷达系统硬件设计和制造工艺要求较高，实现起来困难较大，导致 ISAR 成像距离分辨率的提升量有限。因此，专家学者开始研究其他可替代的方案，以期用较小的代价提高距离分辨率。一种途径是基于单部雷达回波数据，利用超分辨成像技术提高距离分辨率，超分辨成像技术主要包括带宽外推方法[126-127]、谱估计方法[128-129] 和 CS 方法[130-132] 等。尽管超分辨成像技术可以在一定程度上提高成像分辨率，但仍面临单部雷达观测回波数据有限、对模型较为敏感等问题。另一种途径是基于多部不同工作频带的雷达回波数据，利用多频带数据融合成像技术[82-92] 提高距离分辨率。与单部雷达相比，多部雷达可获得更多的有效观测回波数据，更有利于提高成像分辨率。

  同视角多频带 ISAR 融合成像技术忽略各雷达观测回波视角间的差异，假设多部雷达邻近配置且分别工作在不同频带，通过信号处理手段将各雷达观测回波进行融合，得到一个更大带宽的回波信号，进而提高距离分辨率。本章主要考虑各子频带雷达之间存在缺失频带情况下同视角多频带 ISAR 融合成像。由于各子频带信号之间存在缺失频带，若采用传统的 RD 算法实现融合成像，在进行脉冲压缩前，需要直接将缺失频带的回波数据置零，在距离维将会产生大量的能量泄漏，并引入较高的旁瓣，严重地影响成像质量。若采用频谱外推等方法先补全缺失频带回波，再得到融合成像结果，则可在一定程度上改善成像质量，但外推的精度易受缺失频带范围和噪声等因素的影响，当缺失频带的范围较大或噪声较大时，频谱外推过程中引入的误差较大，从而影响融合成像效果。

谱估计类方法是较为常用的同视角多频带 ISAR 融合成像方法，主要包括参数化和非参数化两大类。参数化谱估计方法一般将同视角多频带 ISAR 融合成像问题建立为全极点模型，通过估计模型参数实现融合成像。此类方法虽然能在获得有限回波数据条件下较好地实现多频带数据融合，但需要准确估计模型阶数等参数，且参数估计精度对模型误差和噪声水平较为敏感。当相对带宽较大时，全极点模型无法准确描述雷达回波特性，导致模型误差较大，且在低 SNR 条件下易受噪声影响。与参数化谱估计方法相比，传统的非参数化谱估计方法虽然在噪声条件下具有更强的鲁棒性，但存在分辨率低和准确性低等不足，限制了应用范围[26, 75, 87]。

与谱估计类方法相比，信号稀疏表示方法无须估计目标散射中心个数，具有较好的抗噪性和稳健性，因此也被应用到同视角多频带 ISAR 融合成像中[22, 79, 90-92]。文献[90]和文献[91]基于稀疏贝叶斯模型，利用 Gaussian 先验作为稀疏先验，取得了较好的融合成像效果。为了增强先验模型的灵活性，充分利用目标散射点分布的统计信息和噪声先验信息，文献[22]利用 Gamma-Gaussian 层级(Gamma-Gaussian scale mixture, GSM)先验作为稀疏先验，进一步地提高了融合成像质量。但由于雷达回波信号为复数信号，而一般的稀疏贝叶斯重构算法是在实数域进行的，所以需要将复数信号的实部和虚部分别进行处理。这样，不仅增加了数据存储空间和运算复杂度，而且容易破坏复数信号中实部与虚部之间相同的支撑集和相关性，算法的重构性能有进一步提升的空间。因此，有必要研究可以直接在复数域实现稀疏重构的基于稀疏贝叶斯模型的同视角多频带 ISAR 融合成像方法。

为了提高 ISAR 成像的距离分辨率，本章提出了基于稀疏贝叶斯模型的同视角多频带 ISAR 融合成像方法。首先，基于稀疏表示理论建立同视角多频带 ISAR 融合成像的信号表示模型；其次，为了直接在复数域实现稀疏重构，提出了一种基于 CGSM 先验的同视角多频带 ISAR 融合成像方法；再次，为了进一步地提高先验模型的稀疏促进作用并增强模型的灵活性，提出了一种基于 LSM 先验的同视角多频带 ISAR 融合成像方法；最后，利用一维距离像融合实验以及同视角多频带 ISAR 融合成像实验验证所提方法的融合成像性能。

◆ 4.2　同视角多频带 ISAR 融合成像的信号表示模型

　　假设多部雷达邻近配置，各雷达回波可以近似为同一观测视角所得。本章以工作在不同频带的两部雷达为例，进行同视角多频带 ISAR 融合成像分析，雷达间的非相干相位可利用第 3 章提出的互相干处理方法进行估计与补偿，假设各子频带信号回波已完全相干。雷达 1 和雷达 2 发射信号的载频分别为 f_{c1} 和 f_{c2}，工作带宽分别为 B_1 和 B_2，两部雷达均发射 N 个脉冲信号。对雷达信号进行均匀采样，假设频率采样间隔均为 Δf，f_0 为雷达 1 的起始频率，同时是融合后全频带的起始频率。根据式（2-45），两部雷达回波经平动补偿和越分辨单元徙动校正等预处理后，在距离频域–方位慢时间域可表示为

$$S(m_i, n) = \sum_{p=1}^{P} \sigma_p \left(j \frac{f_0 + m_i \Delta f}{f_0} \right)^{\alpha_p} \cdot \exp\left(-j \frac{4\pi}{c} m_i \Delta f y_p \right) \cdot \exp\left(-j \frac{4\pi}{c} f_0 x_p \omega t_n' \right) (i = 1, 2)$$

$$(4-1)$$

　　当 $i=1$ 时，雷达 1 的频率采样序列 m_1 的取值为 $\{0, 1, \cdots, M_1-1\}$，其中 $M_1 = B_1 / \Delta f$ 为雷达 1 的频率采样点数；当 $i=2$ 时，雷达 2 的频率采样序列 m_2 的取值为 $\{M-M_2, M-M_2+1, \cdots, M-1\}$，其中 $M_2 = B_2 / \Delta f$ 为雷达 2 的频率采样点数，M 为全频带的频率采样点数。雷达 1 信号和雷达 2 信号可以看作从融合的全频带信号中稀疏采样得到的两个子频带信号，有 $M \geq M_1 + M_2$，此时同视角多频带双雷达数据融合成像模型见图 4-1 所示。同视角多频带 ISAR 融合成像本质上是利用雷达 1 和雷达 2 的有效观测回波数据，采用融合成像技术得到全频带回波数据，通过等效增大发射信号带宽来提高距离分辨率，实现 ISAR 高分辨成像。

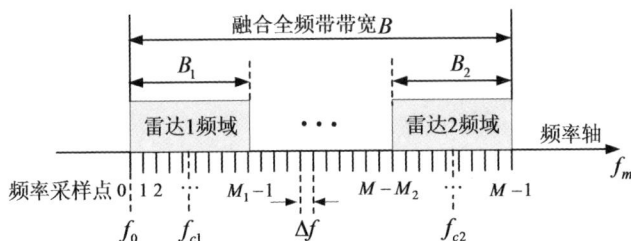

图 4-1　同视角多频带双雷达数据融合成像模型

利用传统的 RD 算法实现 ISAR 二维成像时，一般根据式(4-1)先在距离维进行 IFFT 得到一维距离像，再在方位维进行 FFT 得到 ISAR 二维图像。考虑到多频带融合算法精度和距离维压缩过程中存在一定的误差，会对后续的方位压缩产生影响，进而影响 ISAR 二维图像质量[83]，因此，为了避免频带融合对方位压缩产生影响，根据二维傅里叶变换的可交换性，在进行同视角多频带 ISAR 融合成像时，选择先在方位维进行 FFT 实现方位压缩，再在距离维进行多频带融合成像，得到二维图像，同时可以提高回波的 SNR[22, 26]。方位压缩后得到的待融合子频带信号可表示为

$$s(m_i, n) = \sum_{p=1}^{P} A_p \cdot \left(j\frac{f_0 + m_i \Delta f}{f_0} \right)^{\alpha_p} \cdot \exp\left(-j\frac{4\pi}{c} m_i \Delta f y_p \right) (i = 1, 2) \qquad (4-2)$$

其中，$A_p = \sigma_p \cdot \mathrm{sinc}(f_d - 2f_0 x_p \omega / c)$，$f_d$ 为多普勒频率。令 $\omega_m = 2\Delta f y_p / c$，由于 $\omega_m \in (0, 1)$，将数字频率离散化，有 $\omega_m = k/K (k = 0, 1, \cdots, K-1)$，且有 $K \geqslant M$。

经方位压缩后，假设 S_1 为 $M_1 \times N$ 维的雷达 1 回波数据，S_2 为 $M_2 \times N$ 维的雷达 2 回波数据，根据式(4-2)，考虑到存在噪声的情况，方位压缩后的同视角多频带 ISAR 融合成像模型可表示为

$$S = \begin{bmatrix} S_1 \\ S_2 \end{bmatrix} = \Phi \Psi A + \varepsilon = \Theta A + \varepsilon \qquad (4-3)$$

式中，S 为 $(M_1 + M_2) \times N$ 维的同视角多频带观测回波数据；Φ 为 $(M_1 + M_2) \times M$ 维的观测矩阵；Ψ 为 $M \times 5K$ 维的字典矩阵，根据 GTD 理论，Ψ 可表示为 $\Psi = [\Omega_{-1}, \Omega_{-0.5}, \Omega_0, \Omega_{0.5}, \Omega_1]$，其中 $\Omega_i = T_i \varphi$，i 的取值为 $\{-1, -0.5, 0, 0.5, 1\}$，Ω_i 分别为不同频率依赖因子对应的稀疏基；$\Theta = \Phi \Psi$ 为 $(M_1 + M_2) \times 5K$ 维的传感矩阵；A 为 $5K \times N$ 维的目标散射系数矩阵，可以看作融合后的目标二维图像；ε 为 $(M_1 + M_2) \times N$ 维的噪声矩阵。矩阵 Φ，T_i 和 φ 可分别表示为

$$\Phi = \begin{bmatrix} I_{M_1 \times M_1} & 0_{M_1 \times (M-M_1)} \\ 0_{M_2 \times (M-M_2)} & I_{M_2 \times M_2} \end{bmatrix}_{(M_1+M_2) \times M} \quad (I \text{ 为单位矩阵，} 0 \text{ 为零矩阵}) \qquad (4-4)$$

$$
T_i = \begin{bmatrix} \left(\mathrm{j}\dfrac{f_0+0\Delta f}{f_0}\right)^i & 0 & \cdots & 0 \\ 0 & \left(\mathrm{j}\dfrac{f_0+1\Delta f}{f_0}\right)^i & \cdots & 0 \\ \vdots & \vdots & & \vdots \\ 0 & 0 & \cdots & \left(\mathrm{j}\dfrac{f_0+(M-1)\Delta f}{f_0}\right)^i \end{bmatrix}_{M\times M} \tag{4-5}
$$

$$
\boldsymbol{\varphi} = \begin{bmatrix} 1 & 1 & \cdots & 1 \\ 1 & \exp\left(-\mathrm{j}2\pi\dfrac{1\times1}{K}\right) & \cdots & \exp\left(-\mathrm{j}2\pi\dfrac{1\times(K-1)}{K}\right) \\ \vdots & \vdots & & \vdots \\ 1 & \exp\left(-\mathrm{j}2\pi\dfrac{(M-1)\times1}{K}\right) & \cdots & \exp\left(-\mathrm{j}2\pi\dfrac{(M-1)\times(K-1)}{K}\right) \end{bmatrix}_{M\times K}
$$

$$
\tag{4-6}
$$

在进行同视角多频带 ISAR 融合成像时，由于各脉冲回波的独立性，可分别对每个脉冲回波进行处理。根据式(4-3)，方位压缩后第 n 个脉冲回波对应的同视角多频带 ISAR 融合成像模型可写为

$$
S_{\cdot n} = \begin{bmatrix} S_1(n) \\ S_2(n) \end{bmatrix} = \boldsymbol{\Theta} A_{\cdot n} + \boldsymbol{\varepsilon}_{\cdot n} \tag{4-7}
$$

其中，$S_1(n)$ 和 $S_2(n)$ 分别为雷达 1 和雷达 2 中方位压缩后第 n 个脉冲回波数据，$A_{\cdot n}$ 为第 n 个脉冲回波数据对应的融合结果，$n=1,2,\cdots,N$。根据式(4-2)，$S_1(n)$ 和 $S_2(n)$ 可分别表示为

$$
S_1(n) = \left[s(0,n-1), s(1,n-1), \cdots, s(M_1-1,n-1) \right]^{\mathrm{T}} \tag{4-8}
$$

$$
S_2(n) = \left[s(M-M_2,n-1), s(M-M_2+1,n-1), \cdots, s(M-1,n-1) \right]^{\mathrm{T}}
$$

$$
\tag{4-9}
$$

◆◇ 4.3 基于 CGSM 先验的同视角多频带 ISAR 融合成像

对于式(4-3)的求解，常用的稀疏重构方法主要包括以 OMP 算法[119]为代表的贪婪类算法、以 l_1 范数约束优化算法[36]为代表的凸优化类算法和以 SBL

算法为代表的稀疏贝叶斯模型类算法。贪婪类算法虽然原理简单，但算法精度不高，且容易受到噪声水平等因素影响；与贪婪类算法相比，凸优化类算法精度较高，但容易陷入局部最优，且需要人工调整参数；稀疏贝叶斯模型类算法能自适应学习参数，利用完全贝叶斯推理，避免了人工调整参数，在保证重构精度的同时，提高了算法的自适应性。

　　基于稀疏贝叶斯模型的稀疏重构算法大多假设目标先验为 Gaussian 先验，且在实数域进行贝叶斯推理求解，但这样不仅增加了运算复杂度，而且破坏了复数信号中实部与虚部间相同的支撑集和相关性。为了增强先验模型的灵活性，且直接在复数域进行求解，本节提出了一种基于 CGSM 先验的同视角多频带 ISAR 融合成像方法。首先，假设目标散射系数服从由复 Gaussian 先验和 Gamma 先验组成的 CGSM 先验分布，噪声服从复 Gaussian 先验分布，建立稀疏先验模型；然后，为了利用复数信号实部与虚部间相同的支撑集特性，直接在复数域利用变分贝叶斯期望最大(variational Bayesian expectation maximization, VB-EM)方法求解模型参数，实现同视角多频带 ISAR 融合成像。

4.3.1　稀疏先验模型

　　假设噪声 $\boldsymbol{\varepsilon}$ 服从均值为 0、协方差矩阵为 $\beta^{-1}\boldsymbol{I}$ 的复 Gaussian 分布，即 $\boldsymbol{\varepsilon} \sim CN(\boldsymbol{\varepsilon} \mid 0, \beta^{-1}\boldsymbol{I})$，则根据式(4-3)，观测回波 $\boldsymbol{S}$ 的似然函数也服从复 Gaussian 分布，可写为

$$p(\boldsymbol{S} \mid \boldsymbol{A}, \beta) = \prod_{n=1}^{N} CN(\boldsymbol{S} \mid \boldsymbol{\Theta A}, \beta^{-1}\boldsymbol{I}) = \pi^{-N}\beta^{N}\exp\left(-\beta \parallel \boldsymbol{S} - \boldsymbol{\Theta A} \parallel_{F}^{2}\right)$$

$$(4-10)$$

其中，$\boldsymbol{I}$ 为单位矩阵，$\parallel \cdot \parallel_{F}$ 为矩阵的 Frobenius 范数。为了方便进行贝叶斯推理，再假设噪声参数 β 服从与 Gaussian 分布共轭的 Gamma 分布，即

$$p(\beta) = \text{Gamma}(\beta \mid a, b) = \Gamma(a)^{-1}b^{a}\beta^{a-1}e^{-b\beta} \qquad (4-11)$$

其中，$\Gamma(a) = \int_{0}^{\infty} t^{a-1}e^{-t}dt$。为保证先验的无信息性，$a$ 和 b 一般设置为较小值，如 $a = b = 10^{-4}$[121]。

　　假设目标散射系数矩阵 $\boldsymbol{A}$ 中各元素 A_{kn} 服从 CGSM 先验分布。首先，A_{kn} 服从均值为 0、方差为 $\boldsymbol{\lambda}_{kn}^{-1}$ 的复 Gaussian 分布，由于各元素之间是相互独立分布的，所以散射系数矩阵 $\boldsymbol{A}$ 的条件概率密度函数为

$$p(\boldsymbol{A} \mid \boldsymbol{\lambda}) = \prod_{k=1}^{5K} \prod_{n=1}^{N} CN(\boldsymbol{A}_{kn} \mid 0, \boldsymbol{\lambda}_{kn}^{-1}) = \prod_{k=1}^{5K} \prod_{k=1}^{N} \pi^{-1} \boldsymbol{\lambda}_{kn} \exp(-\boldsymbol{\lambda}_{kn} \boldsymbol{A}_{kn}^2)$$

$$(4\text{-}12)$$

再对超参数 $\boldsymbol{\lambda}_{\cdot n}$ 添加一层相互独立的 Gamma 分布，则 $\boldsymbol{\lambda}_{\cdot n}$ 的概率密度函数为

$$p(\boldsymbol{\lambda}_{\cdot n} \mid c, d) = \prod_{k=1}^{5K} \text{Gamma}(\boldsymbol{\lambda}_{kn} \mid c, d) \tag{4-13}$$

为了保证先验的无信息性，c 和 d 一般也设置为较小值，如 $c = d = 10^{-4}$。结合式(4-12)和式(4-13)，此时散射系数矩阵 $\boldsymbol{A}$ 可以看作服从由复 Gaussian 分布与 Gamma 分布组成的 CGSM 先验分布。与单纯的复 Gaussian 先验模型相比，这样的两层先验模型增加了灵活性，能得到更稀疏的解。为了直观地表示稀疏先验建模过程，图 4-2 给出了基于 CGSM 先验的概率图模型。其中，⬤表示已知的观测回波数据，◯表示未知变量，▢表示超参数。

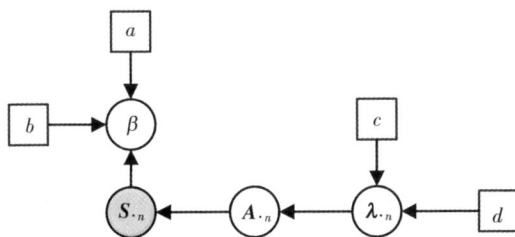

图 4-2　基于 CGSM 先验的概率图模型

4.3.2　VB-EM 求解

稀疏贝叶斯模型的求解方法主要包括两类。一类是基于最大后验(maximum a posterior, MAP)估计方法，利用 MAP 估计方法近似计算变量的后验概率，然后转化为对边缘似然函数的最大化估计，通常采用 Type2 优化方法[121]和期望最大(expectation maximization, EM)优化方法[122]得到参数的估计值。该类方法原理较为简单，但并未直接得到后验概率密度函数的解析解，不属于完全贝叶斯推理范畴，容易陷入局部最小值并引起结构误差。另一类是基于变分贝叶斯(variational Bayesian, VB)方法，采用 VB 方法得到后验概率密度函数的解析解，属于完全贝叶斯推理范畴，可避免陷入局部最小值。因此，本节选择采用 VB 与 EM 相结合的 VB-EM 方法估计参数。

由于散射系数矩阵 A 的每一列 $A_{.n}$ 是相互独立的，所以可以分别利用每个脉冲的观测回波数据 $S_{.n}$ 进行稀疏重构，得到对应的散射系数向量估计值 $\hat{A}_{.n}$，其稀疏表示模型见式(4-7)。依次对所有脉冲回波数据进行稀疏重构后，得到散射系数矩阵的估计值 $\hat{A} = [\hat{A}_{.1}, \hat{A}_{.2}, \cdots, \hat{A}_{.N}]$，$\hat{A}$ 即为融合后的目标二维图像。

采用 VB 方法进行求解时，为了便于得到 $A_{.n}$、$\lambda_{.n}$ 和 β 的后验概率密度，假设它们是相互独立的，则可利用因式分解法，将联合后验概率密度近似表示为

$$p(A_{.n}, \lambda_{.n}, \beta \mid S_{.n}) \approx q(A_{.n})q(\lambda_{.n})q(\beta) \tag{4-14}$$

其中，$q(\cdot)$ 表示后验概率密度。为了方便求解，分别在对数域利用 VB-EM 方法求解未知变量。

首先求解 $q(A_{.n})$，根据 EM 思想，在对数域忽略常数项后，$\log q(A_{.n})$ 可表示为

$$\begin{aligned}\log q(A_{.n}) &\propto \langle \log p(S_{.n}, A_{.n}, \lambda_{.n}, \beta) \rangle_{q(\lambda_{.n})q(\beta)} \\ &\propto \langle \log p(S_{.n} \mid A_{.n}, \beta) + \log p(A_{.n} \mid \lambda_{.n}) \rangle_{q(\lambda_{.n})q(\beta)} \end{aligned} \tag{4-15}$$

其中，$\langle \cdot \rangle_{q(.)}$ 表示求解关于后验概率密度 $q(\cdot)$ 的期望。将式(4-10)和式(4-12)代入式(4-15)，只保留 A 的相关项，可得到

$$\begin{aligned}\log q(A_{.n}) &\propto \langle \log p(S_{.n} \mid A_{.n}, \beta) + \log p(A_{.n} \mid \lambda_{.n}) \rangle_{q(\lambda_{.n})q(\beta)} \\ &\propto -\langle \beta \rangle \parallel S_{.n} - \Theta A_{.n} \parallel_2^2 - \sum_{k=1}^{5K} \langle \lambda_{kn} \rangle A_{kn}^2 \end{aligned} \tag{4-16}$$

求解 $\log q(A_{.n})$ 关于 $A_{.n}$ 的一阶导数，有

$$\nabla_{A_{.n}} \log q(A_{.n}) = -2(\langle \beta \rangle \Theta^H \Theta + \Lambda_{.n})A_{.n} + 2\langle \beta \rangle \Theta^H S_{.n} \tag{4-17}$$

其中，$\Lambda_{.n} = \mathrm{diag}(\langle \lambda_{1n} \rangle, \langle \lambda_{2n} \rangle, \cdots, \langle \lambda_{5Kn} \rangle)$ 表示对角线元素由超参数 λ_{kn} ($k = 1, 2, \cdots, 5K$)的期望值组成的对角矩阵。

令 $\nabla_{A_{.n}} \log q(A_{.n}) = 0$，可以得到 $A_{.n}$ 的 MAP 估计值为

$$\hat{A}_{.n}^{MAP} = \langle \beta \rangle (\langle \beta \rangle \Theta^H \Theta + \Lambda_{.n})^{-1} \Theta^H S_{.n} \tag{4-18}$$

根据式(4-18)，$q(A_{.n})$ 可以看作近似服从均值为 $\mu_{.n}$、协方差为 Σ_n 的复 Gaussian 分布，即 $q(A_{.n}) \sim CN(A_{.n} \mid \mu_{.n}, \Sigma_n)$，其中

$$\mu_{.n} = \hat{A}_{.n}^{MAP} = \langle \beta \rangle \Sigma_n \Theta^H S_{.n} \tag{4-19}$$

$$\boldsymbol{\Sigma}_n = (\langle \beta \rangle \boldsymbol{\Theta}^{\mathrm{H}} \boldsymbol{\Theta} + \boldsymbol{\Lambda}_{\cdot n})^{-1} \tag{4-20}$$

此时所求的均值 $\boldsymbol{\mu}_{\cdot n}$ 即表示该脉冲回波数据 $\boldsymbol{S}_{\cdot n}$ 所对应的目标图像估计值 $\hat{\boldsymbol{A}}_{\cdot n}$，则融合得到的目标二维图像可表示为 $\hat{\boldsymbol{A}} = [\boldsymbol{\mu}_{\cdot 1}, \boldsymbol{\mu}_{\cdot 2}, \cdots, \boldsymbol{\mu}_{\cdot N}]$。为了得到融合图像 $\hat{\boldsymbol{A}}$，还需要估计尺度参数 $\boldsymbol{\lambda}$ 和噪声参数 β。

对于 $q(\boldsymbol{\lambda}_{\cdot n})$，根据 EM 思想，在对数域忽略常数项后，$\log q(\boldsymbol{\lambda}_{\cdot n})$ 可表示为

$$\begin{aligned} \log q(\boldsymbol{\lambda}_{\cdot n}) &\propto \langle \log p(\boldsymbol{S}_{\cdot n}, \boldsymbol{A}_{\cdot n}, \boldsymbol{\lambda}_{\cdot n}, \beta) \rangle_{q(\boldsymbol{A}_{\cdot n})q(\beta)} \\ &\propto \langle \log p(\boldsymbol{\lambda}_{\cdot n} \mid c, d) + \log p(\boldsymbol{A}_{\cdot n} \mid \boldsymbol{\lambda}_{\cdot n}) \rangle_{q(\boldsymbol{A}_{\cdot n})q(\beta)} \end{aligned} \tag{4-21}$$

将式(4-12)和式(4-13)代入式(4-21)，只保留 λ 的相关项，有

$$\begin{aligned} \log q(\boldsymbol{\lambda}_{\cdot n}) &\propto \langle \log p(\boldsymbol{\lambda}_{\cdot n} \mid c, d) + \log p(\boldsymbol{A}_{\cdot n} \mid \boldsymbol{\lambda}_{\cdot n}) \rangle_{q(\boldsymbol{A}_{\cdot n})q(\beta)} \\ &\propto (c-1) \sum_{k=1}^{5K} \log \boldsymbol{\lambda}_{kn} - d \sum_{k=1}^{5K} \boldsymbol{\lambda}_{kn} + \sum_{k=1}^{5K} \log \boldsymbol{\lambda}_{kn} - \sum_{k=1}^{5K} \boldsymbol{\lambda}_{kn} \langle A_{kn}^2 \rangle \\ &\propto (c-1) \sum_{k=1}^{5K} \log \boldsymbol{\lambda}_{kn} - \sum_{k=1}^{5K} (d + \langle A_{kn}^2 \rangle) \boldsymbol{\lambda}_{kn} \end{aligned} \tag{4-22}$$

根据式(4-22)，$q(\boldsymbol{\lambda}_{\cdot n})$ 可以看作服从 Gamma 分布，表示为

$$q(\boldsymbol{\lambda}_{\cdot n}) = \prod_{k=1}^{5K} \mathrm{Gamma}(\boldsymbol{\lambda}_{kn} \mid \tilde{c}, \tilde{d}_{kn}) \tag{4-23}$$

其中，$\tilde{c} = c+1$，$\tilde{d}_{kn} = d + \langle A_{kn}^2 \rangle$，$\langle A_{kn}^2 \rangle = \boldsymbol{\mu}_{kn}^* \boldsymbol{\mu}_{kn} + \boldsymbol{\Sigma}_{n-k}$，$\boldsymbol{\Sigma}_{n-k}$ 表示矩阵 $\boldsymbol{\Sigma}_n$ 中对角线上的第 k 个元素值，有 $k = 1, 2, \cdots, 5K$。

同理，对于 $q(\beta)$，根据 EM 思想，在对数域忽略常数项后，$\log q(\beta)$ 可表示为

$$\begin{aligned} \log q(\beta) &\propto \langle \log p(\boldsymbol{S}_{\cdot n}, \boldsymbol{A}_{\cdot n}, \boldsymbol{\lambda}_{\cdot n}, \beta) \rangle_{q(\boldsymbol{A}_{\cdot n})q(\boldsymbol{\lambda}_{\cdot n})} \\ &\propto \langle \log p(\boldsymbol{S} \mid \boldsymbol{A}, \beta) + \log p(\beta) \rangle_{q(\boldsymbol{A}_{\cdot n})q(\boldsymbol{\lambda}_{\cdot n})} \end{aligned} \tag{4-24}$$

将式(4-10)和式(4-11)代入式(4-24)，只保留 β 的相关项，有

$$\begin{aligned} \log q(\beta) &\propto \langle \log p(\boldsymbol{S} \mid \boldsymbol{A}, \beta) + \log p(\beta) \rangle_{q(\boldsymbol{A}_{\cdot n})q(\boldsymbol{\lambda}_{\cdot n})} \\ &\propto N(M_1 + M_2) \log \beta - \beta \langle \| \boldsymbol{S} - \boldsymbol{\Theta} \boldsymbol{A} \|_F^2 \rangle + (a-1) \log \beta - b\beta \\ &\propto [a + N(M_1 + M_2) - 1] \log \beta - (b + \langle \| \boldsymbol{S} - \boldsymbol{\Theta} \boldsymbol{A} \|_F^2 \rangle) \beta \end{aligned} \tag{4-25}$$

根据式(4-25)，$q(\beta)$ 也可以看作服从 Gamma 分布，表示为

$$q(\beta) = \mathrm{Gamma}(\beta \mid \tilde{a}, \tilde{b}) \tag{4-26}$$

其中，$\tilde{a} = a + N(M_1 + M_2)$，$\tilde{b} = b + \langle \| S - \Theta A \|_F^2 \rangle$，$\langle \| S - \Theta A \|_F^2 \rangle = \| S - \Theta A \|_F^2 + \sum_{n=1}^{N} \mathrm{trace}(\Theta^H \Theta \Sigma_n)$。

在完全贝叶斯推理中，一般利用后验概率密度的期望值来估计未知变量，由于 $q(A_{\cdot n})$ 服从复 Gaussian 分布，$q(\lambda_{\cdot n})$ 和 $q(\beta)$ 均服从 Gamma 分布，因此可以得到相应的估计值为

$$\langle A_{\cdot n} \rangle = \mu_{\cdot n} = \langle \beta \rangle \Sigma_n \Theta^H S_{\cdot n} \tag{4-27}$$

$$\langle \lambda_{kn} \rangle = \frac{\tilde{a}}{\tilde{d}_{kn}} = \frac{c+1}{d + \langle A_{kn}^2 \rangle} \tag{4-28}$$

$$\langle \beta \rangle = \frac{\tilde{a}}{\tilde{b}} = \frac{a + N(M_1 + M_2)}{b + \langle \| S - \Theta A \|_F^2 \rangle} \tag{4-29}$$

利用式(4-27)、式(4-28)和式(4-29)可以分别实现对 ISAR 融合图像 A、尺度参数 λ 和噪声参数 β 的迭代更新。

4.3.3 算法实现流程

基于 CGSM 先验的同视角多频带 ISAR 融合成像方法流程图见图 4-3 所示，具体的实现步骤如下。

①对各子频带雷达回波进行互相干处理、平动补偿和越分辨单元徙动校正等预处理，得到距离频域-方位慢时间域的回波信号，如式(4-1)。

②分别对各子频带雷达回波进行方位维 FFT，得到方位压缩后的待融合观测回波数据 S，如式(4-3)。

③设定初始迭代次数 $g=1$，总迭代次数 $G=50$，初始化参数 $a=b=c=d=10^{-4}$，$\beta_0 = 1/\mathrm{var}(S)$，$A_0 = \Theta^H S$，$\lambda_0 = 1/|A_0|$，设置收敛门限 eps。

④采用 VB-EM 方法逐脉冲回波进行同视角多频带数据融合，在第 g 次迭代过程中，根据式(4-20)、式(4-27)和式(4-28)，分别更新 Σ_n^g、$A_{\cdot n}^g$ 和 $\lambda_{\cdot n}^g$，令 $\hat{A}_{\cdot n}^g$ 为第 n 个脉冲回波对应的目标图像矢量估计值，直到处理完 N 个脉冲回波数据，融合后的目标二维图像可表示为 $\hat{A}^g = [\hat{A}_{\cdot 1}^g, \hat{A}_{\cdot 2}^g, \cdots, \hat{A}_{\cdot N}^g]$，再根据式(4-29)全局更新 β^g，即完成一次迭代。

⑤判断是否终止迭代，当满足迭代收敛条件 $\parallel \hat{A}^g - \hat{A}^{g-1} \parallel_F / \parallel \hat{A}^{g-1} \parallel_F < eps$ 或迭代次数达到设定值 G 时终止迭代，输出融合后的 ISAR 二维图像 $\hat{A}$；否则，令 $g = g+1$，转到步骤④继续进行下一次迭代。

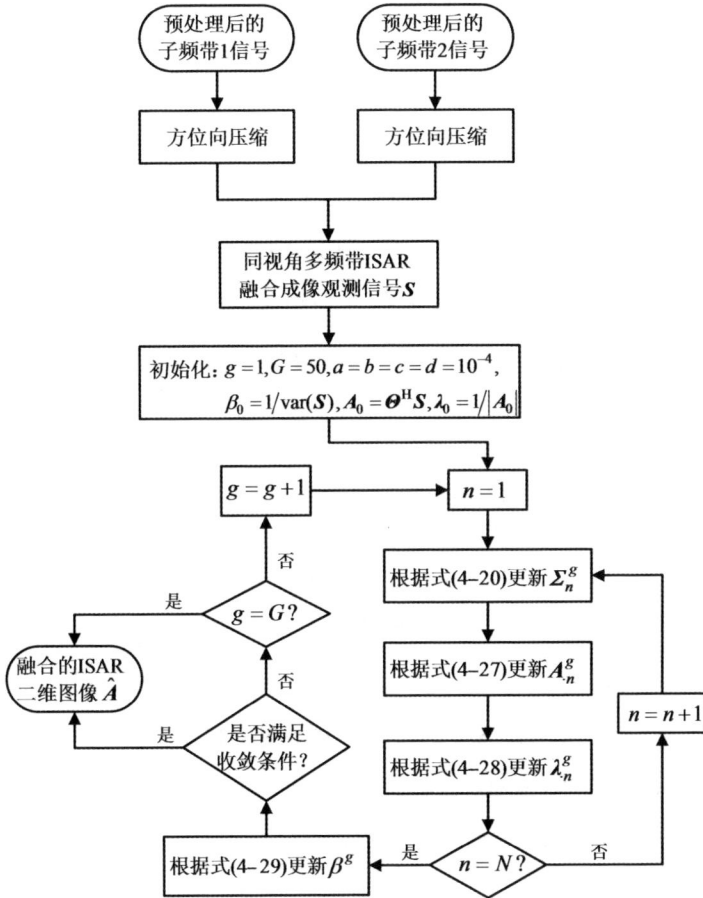

图 4-3　基于 CGSM 先验的同视角多频带 ISAR 融合成像方法流程图

以一次加法或乘法为计算量单位，对算法的运算复杂度进行简要分析。处理单个脉冲回波时，由于 $\boldsymbol{\Theta} \in \mathbb{C}^{(M_1+M_2) \times 5K}$，$\boldsymbol{\Lambda}_{\cdot n} \in \mathbb{C}^{5K \times 5K}$，$\boldsymbol{\Sigma}_n \in \mathbb{C}^{5K \times 5K}$，$\boldsymbol{S}_{\cdot n} \in \mathbb{C}^{(M_1+M_2) \times 1}$，所以在第 g 次迭代时，通过式(4-20)、式(4-27)和式(4-28)更新 $\boldsymbol{\Sigma}_n^{g+1}$，$A_n^{g+1}$ 和 $\boldsymbol{\lambda}_n^{g+1}$ 所需的运算量分别为 $o(125K^3 + 25(M_1+M_2)K^2)$，$o(25(M_1+M_2)K^2 + 5(M_1+M_2)K)$ 和 $o(5K(\log 5K)^2)$，依次处理 N 个脉冲回波数据更新参数时所需的运算量为 $o(N(125K^3 + 50(M_1+M_2)K^2 + 5(M_1+M_2)K +$

$5K(\log 5K)^2)$），再利用式(4-29)更新 β^{g+1} 所需的运算量为 $o(5(M_1+M_2)NK+$ $(M_1+M_2)N)$，故一次迭代所需的总运算量为 $o(N(125K^3+50(M_1+M_2)K^2+$ $10(M_1+M_2)K+(M_1+M_2)+5K(\log 5K)^2))$。为了降低算法的运算复杂度，通过 Woodbury 公式将 $\boldsymbol{\Sigma}_n$ 转化为 $\boldsymbol{\Sigma}_n=\boldsymbol{\Lambda}_{\cdot n}^{-1}-\boldsymbol{\Lambda}_{\cdot n}^{-1}\boldsymbol{\Theta}^{\mathrm{H}}(\langle\beta\rangle^{-1}\boldsymbol{I}+\boldsymbol{\Theta}\boldsymbol{\Lambda}_{\cdot n}^{-1}\boldsymbol{\Theta}^{\mathrm{H}})^{-1}\boldsymbol{\Theta}\boldsymbol{\Lambda}_{\cdot n}^{-1}$，可以减少矩阵求逆过程中的运算量。

若采用文献[22]中的实数域方法求解，则需要把式(4-7)中的复数信号模型转化为式(4-30)所示实数模型

$$\begin{bmatrix} \mathrm{Re}(\boldsymbol{S}_{\cdot n}) \\ \mathrm{Im}(\boldsymbol{S}_{\cdot n}) \end{bmatrix}=\begin{bmatrix} \mathrm{Re}(\boldsymbol{\Theta}) & -\mathrm{Im}(\boldsymbol{\Theta}) \\ \mathrm{Im}(\boldsymbol{\Theta}) & \mathrm{Re}(\boldsymbol{\Theta}) \end{bmatrix}\begin{bmatrix} \mathrm{Re}(\boldsymbol{A}_{\cdot n}) \\ \mathrm{Im}(\boldsymbol{A}_{\cdot n}) \end{bmatrix}+\begin{bmatrix} \mathrm{Re}(\boldsymbol{\varepsilon}_{\cdot n}) \\ \mathrm{Im}(\boldsymbol{\varepsilon}_{\cdot n}) \end{bmatrix} \tag{4-30}$$

其中，$\mathrm{Re}(\cdot)$ 和 $\mathrm{Im}(\cdot)$ 分别表示实数部分和虚数部分。为了方便描述，定义

$$\boldsymbol{S}'_{\cdot n}=\begin{bmatrix} \mathrm{Re}(\boldsymbol{S}_{\cdot n}) \\ \mathrm{Im}(\boldsymbol{S}_{\cdot n}) \end{bmatrix},\quad \boldsymbol{\Theta}'=\begin{bmatrix} \mathrm{Re}(\boldsymbol{\Theta}) & -\mathrm{Im}(\boldsymbol{\Theta}) \\ \mathrm{Im}(\boldsymbol{\Theta}) & \mathrm{Re}(\boldsymbol{\Theta}) \end{bmatrix},\quad \boldsymbol{A}'_{\cdot n}=\begin{bmatrix} \mathrm{Re}(\boldsymbol{A}_{\cdot n}) \\ \mathrm{Im}(\boldsymbol{A}_{\cdot n}) \end{bmatrix},\quad \boldsymbol{\varepsilon}'_{\cdot n}=$$

$\begin{bmatrix} \mathrm{Re}(\boldsymbol{\varepsilon}_{\cdot n}) \\ \mathrm{Im}(\boldsymbol{\varepsilon}_{\cdot n}) \end{bmatrix}$，根据式(4-30)，有

$$\boldsymbol{S}'_{\cdot n}=\boldsymbol{\Theta}'\boldsymbol{A}'_{\cdot n}+\boldsymbol{\varepsilon}'_{\cdot n} \tag{4-31}$$

其中，$\boldsymbol{S}'_{\cdot n}\in\mathbb{R}^{2(M_1+M_2)\times 1}$，$\boldsymbol{\Theta}'\in\mathbb{R}^{2(M_1+M_2)\times 10K}$，$\boldsymbol{A}'_{\cdot n}\in\mathbb{R}^{10K\times 1}$。故采用文献[22]中的方法求解式(4-7)可转化为在实数域求解式(4-31)，此时，加大了数据处理规模。与前面算法的运算复杂度分析过程类似，在实数域进行求解时，一次迭代所需的总运算量为 $o(N(1000K^3+400(M_1+M_2)K^2+40(M_1+M_2)K+2(M_1+M_2)+10K\log(10K)^2))$，远远大于直接在复数域求解时所需的运算量，这说明直接在复数域进行求解可减少运算量，提高算法运算效率。

◆ 4.4　基于 LSM 先验的同视角多频带 ISAR 融合成像

实际上，在求解稀疏表示问题时，Laplace 先验比 Gaussian 先验具有更强的稀疏促进作用[133]。文献[134]表明，由 Laplace 先验和逆 Gamma 先验共同组成的 LSM 先验比单纯的 Laplace 先验和 Gaussian 分层先验具有更窄的主瓣和更高的拖尾，因此具有更好的稀疏表示性能。为了增强稀疏先验模型的灵活性，并

得到更稀疏的解，本节提出了一种基于 LSM 先验的同视角多频带 ISAR 融合成像方法。首先，假设目标散射系数服从 LSM 先验分布，建立稀疏先验模型；然后，采用基于 Laplace 估计的变分贝叶斯推断(Laplace approximation based variational Bayesian inference, LA-VBI)方法实现稀疏重构，获得同视角多频带 ISAR 融合图像。

4.4.1　稀疏先验模型

假设噪声 $\boldsymbol{\varepsilon}$ 仍服从均值为 0、协方差矩阵为 $\beta^{-1}\boldsymbol{I}$ 的复 Gaussian 分布，有 $\boldsymbol{\varepsilon} \sim CN(\boldsymbol{\varepsilon} \mid 0, \beta^{-1}\boldsymbol{I})$。其中，噪声参数 β 仍服从 Gamma 分布，即

$$p(\beta) = \text{Gamma}(\beta \mid a, b) \tag{4-32}$$

观测回波 $\boldsymbol{S}$ 的似然函数也服从复 Gaussian 分布，可写为

$$p(\boldsymbol{S} \mid \boldsymbol{A}, \beta) = \prod_{n=1}^{N} CN(\boldsymbol{S} \mid \boldsymbol{\Theta A}, \beta^{-1}\boldsymbol{I}) = \pi^{-N}\beta^{N}\exp(-\beta \parallel \boldsymbol{S}-\boldsymbol{\Theta A} \parallel_{F}^{2}) \tag{4-33}$$

假设散射系数矩阵 $\boldsymbol{A}$ 中各元素 $\boldsymbol{A}_{kn}$ 服从由 Laplace 先验及逆 Gamma 先验共同组成的 LSM 先验分布。先假设 $\boldsymbol{A}_{kn}$ 服从参数为 $\boldsymbol{\gamma}_{kn}$ 的 Laplace 分布，有

$$p(\boldsymbol{A} \mid \boldsymbol{\gamma}) = \prod_{k=1}^{5K} \prod_{n=1}^{N} \frac{1}{2\,\boldsymbol{\gamma}_{kn}}\exp\left(-\frac{\mid \boldsymbol{A}_{kn} \mid}{\boldsymbol{\gamma}_{kn}}\right) \tag{4-34}$$

再对尺度参数 $\boldsymbol{\gamma}_{kn}$ 添加一层与 Laplace 分布共轭的逆 Gamma 分布，有

$$p(\boldsymbol{\gamma}_{\cdot n} \mid c_{n}, d_{n}) = \prod_{k=1}^{5K} \text{Inverse-Gamma}(\boldsymbol{\gamma}_{kn} \mid c_{n}, d_{n}) \tag{4-35}$$

其中，$\text{Inverse-Gamma}(x \mid a, b) = \Gamma(a)^{-1}b^{a}x^{-a-1}\exp(-bx^{-1})$。为了保证先验的无信息性，$c_{n}$ 和 d_{n} 一般设置为较小值，如 $c_{n} = d_{n} = 10^{-4}$。

结合式(4-34)和式(4-35)，此时散射系数矩阵 $\boldsymbol{A}$ 中各元素可以看作服从由 Laplace 分布和逆 Gamma 分布组成的 LSM 先验分布。为了直观地表示稀疏先验建模过程，图 4-4 给出了基于 LSM 先验的概率图模型。其中，●表示已知的观测回波数据，○表示未知变量，□表示超参数。

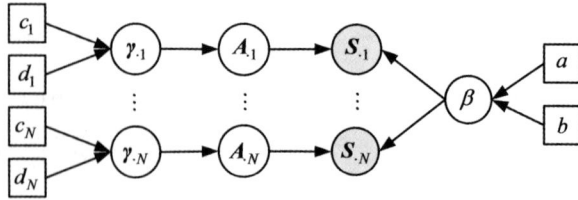

图 4-4　基于 LSM 先验的概率图模型

4.4.2　LA-VBI 求解

采用 VB 方法求解时, 对于参数 β 和 γ 的更新可参考 4.3.2 节的求解过程, 可以发现, 若未知变量的似然函数与其先验具有共轭关系, 则其后验概率密度服从与先验相同形式的分布[134]。对于噪声参数 β 的更新, 其先验为 Gamma 先验, 似然函数为 Gaussian 分布, 由于 Gamma 先验与 Gaussian 分布互为共轭, 所以其近似后验概率密度 $q(\beta)$ 同样服从 Gamma 分布, 即

$$q(\beta) = \mathrm{Gamma}(\beta \mid \tilde{a}, \tilde{b}) \tag{4-36}$$

其中, $\tilde{a} = a + N(M_1 + M_2)$, $\tilde{b} = b + \langle \parallel S - \boldsymbol{\Theta}\boldsymbol{A} \parallel_F^2 \rangle$。

同理, 对于尺度参数 γ 的更新, 其先验为逆 Gamma 先验, 似然函数为 Laplace 分布, 由于逆 Gamma 先验与 Laplace 分布互为共轭, 所以其近似后验概率密度 $q(\gamma_{\cdot n})$ 同样服从逆 Gamma 分布, 即

$$q(\boldsymbol{\gamma}_{\cdot n}) = \prod_{k=1}^{5K} \mathrm{Inverse\text{-}Gamma}(\boldsymbol{\gamma}_{kn} \mid \tilde{c}_n, \tilde{d}_{kn}) \tag{4-37}$$

其中, $\tilde{c}_n = c_n + 1$, $\tilde{d}_{kn} = d_n + \langle \mid A_{kn} \mid \rangle$。$\langle \mid A_{kn} \mid \rangle$ 为复 Gaussian 分布的一阶绝对矩, 可表示为 $\langle \mid A_{kn} \mid \rangle = \sqrt{\dfrac{2}{\pi} \boldsymbol{\Sigma}_{n-k_1}} \, \boldsymbol{\Theta}_1\left(-\dfrac{1}{2}, \dfrac{1}{2}, -\dfrac{1}{2}\dfrac{\boldsymbol{\mu}_{kn}}{\boldsymbol{\Sigma}_{n-k}}\right)$, 其中 $\boldsymbol{\Sigma}_{n-k}$ 表示矩阵 $\boldsymbol{\Sigma}_n$ 中对角线上第 k 个元素值, $\boldsymbol{\Theta}_1(a, b, c) = \sum\limits_{n=0}^{+\infty} \dfrac{a^n}{b^n} \dfrac{c^n}{n!}$ 为库默尔函数(合流超几何函数), $x^n = x(x+1)(x+2)\cdots(x+n-1)$ 为阶乘幂。

对于散射系数矩阵 $\boldsymbol{A}$ 的求解, 根据 VB 思想, $q(\boldsymbol{A}_{\cdot n})$ 在对数域忽略常数项后可表示为

$$\log q(\boldsymbol{A}_{\cdot n}) \propto \langle \log p(\boldsymbol{S}_{\cdot n} \mid \boldsymbol{A}_{\cdot n}, \beta) + \log p(\boldsymbol{A}_{\cdot n} \mid \boldsymbol{\gamma}_{\cdot n}) \rangle_{q(\boldsymbol{\gamma}_{\cdot n})q(\beta)} \tag{4-38}$$

将式(4-33)和式(4-34)代入式(4-38)，可得到

$$\log q(\boldsymbol{A}_{\cdot n}) \propto -\langle\beta\rangle \parallel \boldsymbol{S}_{\cdot n} - \boldsymbol{\Theta}\boldsymbol{A}_{\cdot n} \parallel_2^2 - \sum_{k=1}^{5K} \langle \frac{1}{\gamma_{kn}} \rangle |A_{kn}| \qquad (4-39)$$

由于 $\boldsymbol{A}_{kn}$ 的先验服从 Laplace 分布，与式(4-33)中的复 Gaussian 似然函数不共轭，导致直接求解 $\boldsymbol{A}_{\cdot n}$ 的近似后验概率密度较为困难。为了方便求解，引入 Laplace 估计(Laplace approximation，LA)方法，利用 $\log q(\boldsymbol{A}_{\cdot n})$ 在 $\hat{\boldsymbol{A}}_{\cdot n}^{MAP}$ 处的二阶泰勒展开式估计 $\log q(\boldsymbol{A}_{\cdot n})$，有

$$\log q(\boldsymbol{A}_{\cdot n}) \approx \log q(\hat{\boldsymbol{A}}_{\cdot n}^{MAP}) + \frac{1}{2}(\boldsymbol{A}_{\cdot n} - \hat{\boldsymbol{A}}_{\cdot n}^{MAP})^{H} \boldsymbol{H}_n (\boldsymbol{A}_{\cdot n} - \hat{\boldsymbol{A}}_{\cdot n}^{MAP}) \qquad (4-40)$$

其中，$\hat{\boldsymbol{A}}_{\cdot n}^{MAP}$ 为 $\boldsymbol{A}_{\cdot n}$ 的 MAP 估计，有 $\nabla_{\boldsymbol{A}_{\cdot n}} \log q(\boldsymbol{A}_{\cdot n}) |_{\boldsymbol{A}_{\cdot n}=\hat{\boldsymbol{A}}_{\cdot n}^{MAP}} = 0$；$\boldsymbol{H}_n$ 表示 $\log q(\boldsymbol{A}_{\cdot n})$ 关于 $\boldsymbol{A}_{\cdot n}$ 的 Hessian 矩阵，有 $\boldsymbol{H}_n = \nabla_{\boldsymbol{A}_{\cdot n}}^2 \log q(\boldsymbol{A}_{\cdot n}) |_{\boldsymbol{A}_{\cdot n}=\hat{\boldsymbol{A}}_{\cdot n}^{MAP}}$。

为了得到 $\hat{\boldsymbol{A}}_{\cdot n}^{MAP}$，先根据式(4-39)求解 $\log q(\boldsymbol{A}_{\cdot n})$ 关于 $\boldsymbol{A}_{\cdot n}$ 的一阶导数，有

$$\nabla_{\boldsymbol{A}_{\cdot n}} \log q(\boldsymbol{A}_{\cdot n}) = -2\left(\langle\beta\rangle \boldsymbol{\Theta}^H \boldsymbol{\Theta} + \frac{1}{2}\boldsymbol{\Lambda}_{\cdot n}\right)\boldsymbol{A}_{\cdot n} + 2\langle\beta\rangle \boldsymbol{\Theta}^H \boldsymbol{S}_{\cdot n} \qquad (4-41)$$

其中，$\boldsymbol{\Lambda}_{\cdot n} = \mathrm{diag}\left(\langle \frac{1}{\boldsymbol{\gamma}_{\cdot n}} \rangle \odot \frac{1}{\langle |\boldsymbol{A}_{\cdot n}| \rangle}\right)$，$\odot$ 表示矩阵的 Hadamard 乘积。令 $\nabla_{\boldsymbol{A}_{\cdot n}} \log q(\boldsymbol{A}_{\cdot n}) = 0$，可以得到 $\hat{\boldsymbol{A}}_{\cdot n}^{MAP}$ 为

$$\hat{\boldsymbol{A}}_{\cdot n}^{MAP} = \langle\beta\rangle \left(\langle\beta\rangle \boldsymbol{\Theta}^H \boldsymbol{\Theta} + \frac{1}{2}\boldsymbol{\Lambda}_{\cdot n}\right)^{-1} \boldsymbol{\Theta}^H \boldsymbol{S}_{\cdot n} \qquad (4-42)$$

进而可求得 Hessian 矩阵 $\boldsymbol{H}_n$ 为

$$\boldsymbol{H}_n = \nabla_{\boldsymbol{A}_{\cdot n}}^2 \log q(\boldsymbol{A}_{\cdot n}) |_{\boldsymbol{A}_{\cdot n}=\hat{\boldsymbol{A}}_{\cdot n}^{MAP}} = -\left(\langle\beta\rangle \boldsymbol{\Theta}^H \boldsymbol{\Theta} + \frac{1}{2}\boldsymbol{\Lambda}_{\cdot n}\right) \qquad (4-43)$$

根据式(4-40)，$q(\boldsymbol{A}_{\cdot n})$ 可以看作近似服从均值为 $\boldsymbol{\mu}_{\cdot n}$、协方差为 $\boldsymbol{\Sigma}_n$ 的复 Gaussian 分布，即 $q(\boldsymbol{A}_{\cdot n}) \sim CN(\boldsymbol{A}_{\cdot n} | \boldsymbol{\mu}_{\cdot n}, \boldsymbol{\Sigma}_n)$，其中

$$\boldsymbol{\mu}_{\cdot n} = \hat{\boldsymbol{A}}_{\cdot n}^{MAP} = \langle\beta\rangle \boldsymbol{\Sigma}_n \boldsymbol{\Theta}^H \boldsymbol{S}_{\cdot n} \qquad (4-44)$$

$$\boldsymbol{\Sigma}_n = -\boldsymbol{H}_n^{-1} = \left(\langle\beta\rangle \boldsymbol{\Theta}^H \boldsymbol{\Theta} + \frac{1}{2}\boldsymbol{\Lambda}_{\cdot n}\right)^{-1} \qquad (4-45)$$

利用后验概率密度 $q(\boldsymbol{A}_{\cdot n})$，$q(\boldsymbol{\gamma}_{\cdot n})$ 和 $q(\beta)$ 的期望值，分别估计未知变量 $\boldsymbol{A}_{\cdot n}$、$\boldsymbol{\gamma}_{\cdot n}$ 和 β，得到相应的估计值为

$$\langle \boldsymbol{A}_{\cdot n} \rangle = \boldsymbol{\mu}_{\cdot n} = \langle\beta\rangle \boldsymbol{\Sigma}_n \boldsymbol{\Theta}^H \boldsymbol{S}_{\cdot n} \qquad (4-46)$$

$$\left\langle \frac{1}{\gamma_{kn}} \right\rangle = \frac{\tilde{c}_n}{\tilde{d}_{kn}} = \frac{c_n+1}{d_n+\langle |A_{kn}| \rangle} \tag{4-47}$$

$$\langle \beta \rangle = \frac{\tilde{a}}{\tilde{b}} = \frac{a+N(M_1+M_2)}{b+\langle \| S-\boldsymbol{\varTheta} A \|_F^2 \rangle} \tag{4-48}$$

利用式(4-46)、式(4-47)和式(4-48)，可以分别实现对 ISAR 融合图像 A、尺度参数 γ 和噪声参数 β 的迭代更新。最后，同视角多频带 ISAR 融合二维图像可表示为 $\hat{A}=[\boldsymbol{\mu}_{\cdot1}, \boldsymbol{\mu}_{\cdot2}, \cdots, \boldsymbol{\mu}_{\cdot N}]$。

4.4.3　算法实现流程

基于 LSM 先验的同视角多频带 ISAR 融合成像方法实现流程图见图 4-5 所示，具体的实现步骤如下。

① 对各子频带雷达回波进行互相干处理、平动补偿和越分辨单元徙动校正等预处理，得到距离频域–方位慢时间域的回波信号，如式(4-1)。

② 分别对各子频带雷达回波进行方位维 FFT，得到方位压缩后的待融合观测回波数据 S，如式(4-3)。

③ 设定初始迭代次数 $g=1$，总迭代次数 $G=50$，初始化参数 $a=b=c=d=10^{-4}$，$\beta_0=1/\mathrm{var}(S)$，$A_0=\boldsymbol{\varTheta}^H S$，$\gamma_0=|A_0|$，设置收敛门限 eps。

④ 采用 LA-VBI 方法逐脉冲回波进行同视角多频带数据融合，在第 g 次迭代过程中，根据式(4-45)、式(4-46)和式(4-47)分别更新 $\boldsymbol{\varSigma}_n^g$、$A_{\cdot n}^g$ 和 $\gamma_{\cdot n}^g$，令 $\hat{A}_{\cdot n}^g$ 为第 n 个脉冲回波对应的目标图像矢量估计值，直到处理完 N 个脉冲回波数据，融合后的目标二维图像可表示为 $\hat{A}^g=[\hat{A}_{\cdot 1}^g, \hat{A}_{\cdot 2}^g, \cdots, \hat{A}_{\cdot N}^g]$，再利用式(4-48)全局更新 β^g，即完成一次迭代。

⑤ 判断是否终止迭代，当满足迭代收敛条件 $\| \hat{A}^g-\hat{A}^{g-1} \|_F / \| \hat{A}^{g-1} \|_F < eps$ 或迭代次数达到设定值 G 时终止迭代，输出融合后的 ISAR 二维图像 $\hat{A}$；否则，令 $g=g+1$，转到步骤④继续进行下一次迭代。

由于本节所提算法中融合图像 A、尺度参数 γ 和噪声参数 β 的迭代更新公式与 4.3 节中提出的基于 CGSM 先验算法的迭代更新公式类似，两种算法的运算量也基本一致，所以算法的运算量分析可参考 4.3.3 节。

```
┌──────────────┐          ┌──────────────┐
│  预处理后的   │          │  预处理后的   │
│  子频带1信号  │          │  子频带2信号  │
└──────┬───────┘          └──────┬───────┘
       │                         │
┌──────▼───────┐          ┌──────▼───────┐
│  方位向压缩   │          │  方位向压缩   │
└──────┬───────┘          └──────┬───────┘
       │                         │
       └───────────┬─────────────┘
                   │
        ┌──────────▼──────────┐
        │ 同视角多频带ISAR融   │
        │ 合成像观测信号 S     │
        └──────────┬──────────┘
```

初始化：$g = 1, G = 50, a = b = c = d = 10^{-4}$，
$\beta_0 = 1/\mathrm{var}(\boldsymbol{S}), \boldsymbol{A}_0 = \boldsymbol{\Theta}^{\mathrm{H}}\boldsymbol{S}, \boldsymbol{\gamma}_0 = |\boldsymbol{A}_0|$

$g = g + 1$　　　　$n = 1$

$g = G?$　　否／是

融合的ISAR二维图像 $\hat{\boldsymbol{A}}$

是否满足收敛条件？

根据式(4-48)更新 β^g

根据式(4-45)更新 $\boldsymbol{\Sigma}_n^g$

根据式(4-46)更新 $\boldsymbol{A}_{\cdot n}^g$

根据式(4-47)更新 $\boldsymbol{\gamma}_{\cdot n}^g$

$n = N?$　　是／否

$n = n + 1$

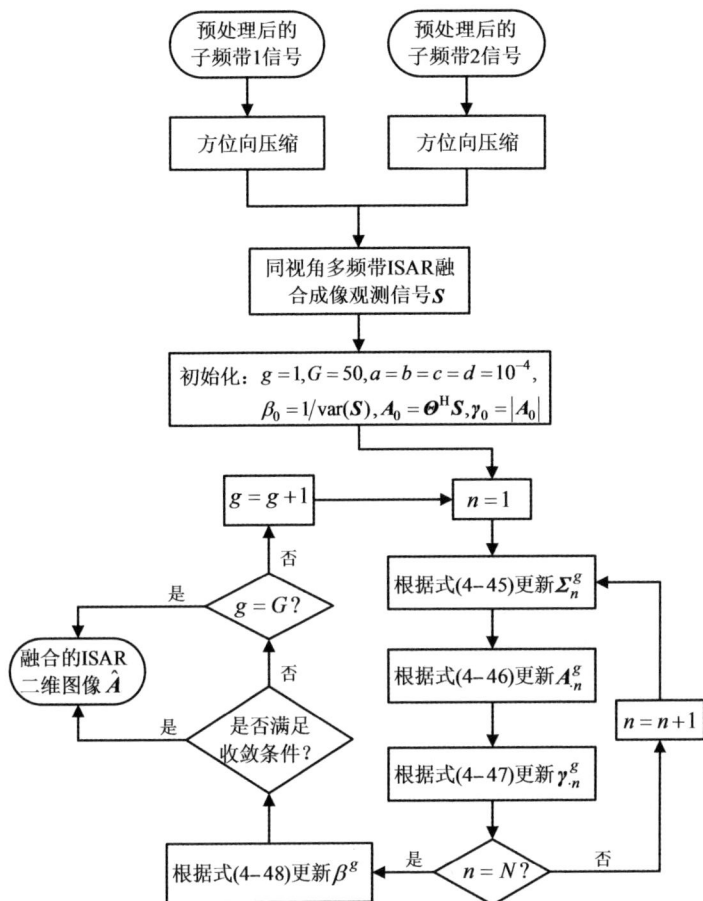

图 4-5　基于 LSM 先验的同视角多频带 ISAR 融合成像方法流程图

　　4.3 节和 4.4 节分别提出了基于 CGSM 先验和基于 LSM 先验的同视角多频带 ISAR 融合成像算法，两种算法均是基于稀疏贝叶斯模型实现 ISAR 融合成像，在建立稀疏先验模型的基础上，采用 VB 类方法求解未知变量，具体的求解过程较为类似，算法的运算复杂度也较为接近；但两种算法中建立的稀疏先验模型不同，CGSM 先验和 LSM 先验均为分层混合先验，分别为 Gaussian 先验和 Laplace 先验的延伸，由于理论上 Laplace 先验比 Gaussian 先验具有更强的稀疏促进作用，所以基于 LSM 先验算法比基于 CGSM 先验算法具有更好的稀疏重构效果，4.5 节实验部分将具体对比分析两种算法的性能。

◆◇ 4.5 实验结果及分析

本节分别通过一维距离像融合实验和同视角多频带 ISAR 融合成像实验验证所提算法的有效性和优越性。

4.5.1 一维距离像融合

雷达系统的参数设置与表 3-1 一致，假设目标在距离向上共有 4 个独立的散射点，经预处理后，两部子频带雷达的频率响应可表示为

$$S_i(m_i) \approx \sum_{p=1}^{4} \sigma_p \cdot \left(j\frac{f_0+m_i\Delta f}{f_0} \right)^{\alpha_p} \cdot \exp\left(-j\frac{4\pi}{c}(f_0+m_i\Delta f)\Delta r_p \right) (i=1, 2)$$

$$(4-49)$$

其中，σ_p 为散射点 p 的散射系数，有 $\sigma_1=2$，$\sigma_2=3$，$\sigma_3=4$，$\sigma_4=5$；α_p 为散射点的频率依赖因子，有 $\alpha_1=-0.5$，$\alpha_2=0$，$\alpha_3=0$，$\alpha_4=1$；$f_0=20$ GHz 为起始频率；$\Delta f=10$ MHz 为频率采样间隔；Δr_p 为散射点 p 到参考点的相对距离，有 $\Delta r_1=0.3$ m，$\Delta r_2=0.45$ m，$\Delta r_3=1.2$ m，$\Delta r_4=1.5$ m。当 $i=1$ 时，雷达 1 的频率采样序列 m_1 的取值为 $\{0, 1, \cdots, M_1-1\}$，其中，$M_1=100$ 为雷达 1 的频率采样点数，S_1 为雷达 1 的频率响应；当 $i=2$ 时，雷达 2 的频率采样序列 m_2 的取值为 $\{M-M_2, M-M_2+1, \cdots, M-1\}$，其中，$M_2=100$ 为雷达 2 的频率采样点数，S_2 为雷达 2 的频率响应；全频带雷达的频率采样序列 m 的取值为 $\{0, 1, \cdots, M-1\}$，其中，$M=400$ 为全频带雷达的频率采样点数，S 为全频带雷达的频率响应。

在式(4-49)的基础上直接进行 FFT 可得到子频带和全频带的一维距离像，结果见图 4-6 所示。从图 4-6(a)可以看出，从子频带的一维距离像中区分出相对距离为 $\Delta r_3=1.2$ m 和 $\Delta r_4=1.5$ m 的两个散射点，但无法区分出相对距离为 $\Delta r_1=0.3$ m 和 $\Delta r_2=0.45$ m 的两个散射点，这是因为子频带雷达的带宽有限，理论的距离分辨率均为 0.15，但在 FFT 压缩过程中，还受到主瓣展宽和能量泄漏等因素影响，导致未能完全区分出这两个散射点。从图 4-6(b)可以看出，从全频带的一维距离像中可以完全区分出 4 个散射点，这是因为全频带雷达的带宽足够大，理论的距离分辨率为 0.0375 m，可以完全区分各散射点位置。

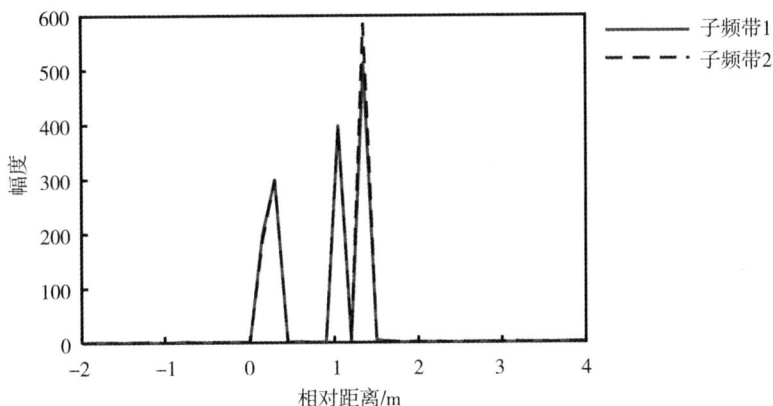

（a）子频带的一维距离像

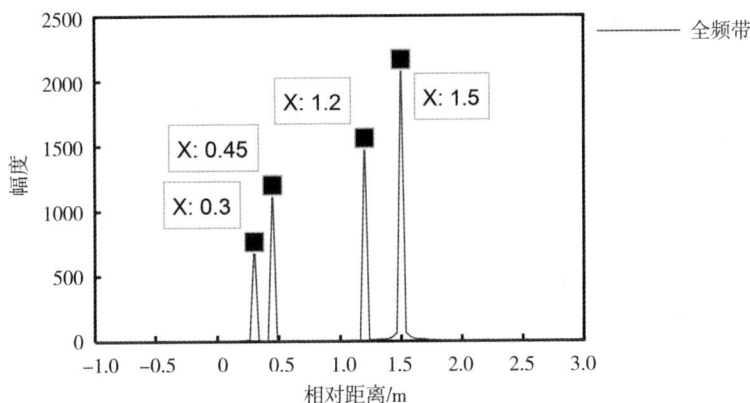

（b）全频带的一维距离像

图 4-6　子频带和全频带的一维距离像

　　利用子频带 1 和子频带 2 的观测数据，采用本章所提的基于 CGSM 先验算法和基于 LSM 先验算法进行多频带信号融合，得到的融合频带的一维距离像见图 4-7 所示。从图 4-7 可以看出，从采用两种算法得到的融合频带的一维距离像结果中均能完全区分出 4 个散射点，且散射点的相对距离均与设定值一致，说明两种算法均能较好地实现多频带信号融合，验证了所提算法的有效性。进一步的，通过对比图 4-7（a）和图 4-7（b）中黑色矩形框的局部放大图可以看出，与基于 CGSM 先验算法相比，基于 LSM 先验算法得到的融合频带的一维距离像中散射点附近的旁瓣抑制效果更好，更趋向于 0 值附近，体现了该算法具有更好的稀疏促进作用。

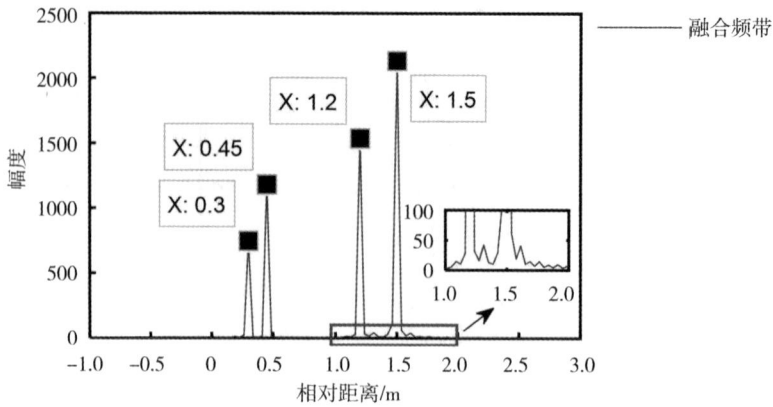

（a）基于 CGSM 先验算法

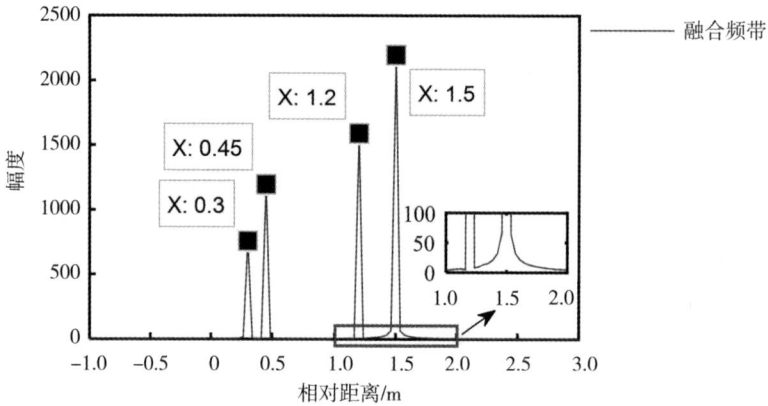

（b）基于 LSM 先验算法

图 4-7　融合频带的一维距离像

　　为了更直接地对比两种算法的融合效果，采用两种算法得到的融合频带的频率响应与全频带的频率响应见图 4-8 所示。从图 4-8（a）可以看出，采用基于 CGSM 先验算法得到的融合频带与全频带的频率响应结果基本一致，但从黑色矩形框的局部放大图可以看出，二者之间还存在一定的差异，说明融合结果还存在误差。从图 4-8（b）可以看出，采用基于 LSM 先验算法得到的融合频带与全频带的频率响应结果完全一致，而且从黑色矩形框的局部放大图可以看出，二者之间基本完全重合，说明融合效果较好。通过对比图 4-8（a）和图 4-8（b）可以发现，采用基于 LSM 先验算法比基于 CGSM 先验算法能更好地实现多频带信号融合，这是因为 LSM 先验比 CGSM 先验具有更强的稀疏促进作用，能达到更好的稀疏重构效果。

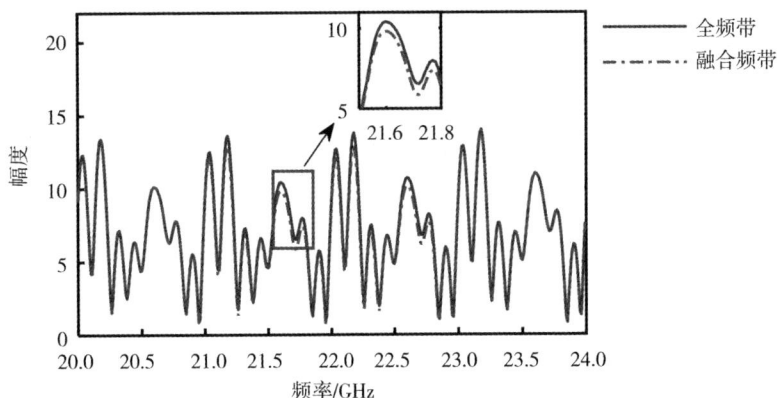

（a）基于 CGSM 先验算法

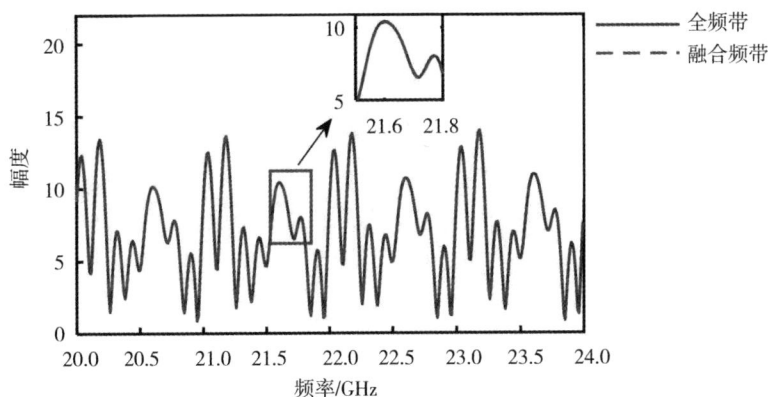

（b）基于 LSM 先验算法

图4-8 融合频带和全频带的频率响应

为了验证算法的抗噪性能，在雷达频率响应中添加高斯白噪声，以步长为 4 dB 取 SNR 值，范围在 0～28 dB。定义归一化均方误差（normalized mean square error，NMSE）为

$$\mathrm{NMSE} = \parallel \hat{S} - S \parallel_2^2 / \parallel S \parallel_2^2 \qquad (4\text{-}50)$$

其中，S 为原始的全频带频率响应，$\hat{S}$ 为利用多频带融合算法估计得到的融合频带频率响应。NMSE 越小，说明估计结果越接近真实值，估计精度越高。

分别采用文献[135]中所提的改进的 Root-MUSIC 算法、文献[22]中所提的

GSM 先验算法、本章所提的基于 CGSM 先验算法和基于 LSM 先验算法进行多频带信号融合，在每个固定的 SNR 分别进行 100 次独立的蒙特卡罗仿真，采用 100 次融合结果的 NMSE 平均值作为该 SNR 条件下对应的 NMSE，NMSE 随着 SNR 的变化曲线见图 4-9 所示。从图 4-9 可以看出，当 SNR 高于 20 dB 时，四种算法的 NMSE 均较小，且随着 SNR 变化不大，这说明四种算法均能在高 SNR 条件下，较好地实现多频带信号融合。然而，随着 SNR 降低，改进的 Root-MUSIC 算法在 SNR 低于 12 dB 时 NMSE 迅速增加，这是因为在低 SNR 条件下，该算法的模型阶数和极点估计精度易受噪声影响，导致最终的估计结果误差较大。相比于改进的 Root-MUSIC 算法，其余三种基于稀疏贝叶斯模型算法的 NMSE 随着 SNR 变化较小，说明基于稀疏贝叶斯模型的算法比基于谱估计类算法具有更好的抗噪性能。基于 GSM 先验算法和基于 CGSM 先验算法的 NMSE 随着 SNR 变化较为接近，这是因为这两种算法均是采用 Gaussian 分层先验建立稀疏先验模型的。其中，基于 CGSM 先验算法可以直接在复数域实现求解，而基于 GSM 先验算法只能在实数域进行求解。因此，基于 CGSM 先验算法比基于 GSM 先验算法的重构误差略小。基于 LSM 先验算法的 NMSE 随着 SNR 变化的程度比基于 GSM 先验算法和基于 CGSM 先验算法更平缓，这是因为 Laplace 先验比 Gaussian 先验具有更强的稀疏促进作用，在噪声条件下，具有更强的鲁棒性。在相同的 SNR 条件下，改进的 Root-MUSIC 算法的 NMSE 最大，其次是基于 GSM 先验算法和基于 CGSM 先验算法，而基于 LSM 先验算法的 NMSE 最小，说明基于 LSM 先验算法比其他三种算法具有更高的重构精度，体现了该算法在抗噪性能方面的优越性。

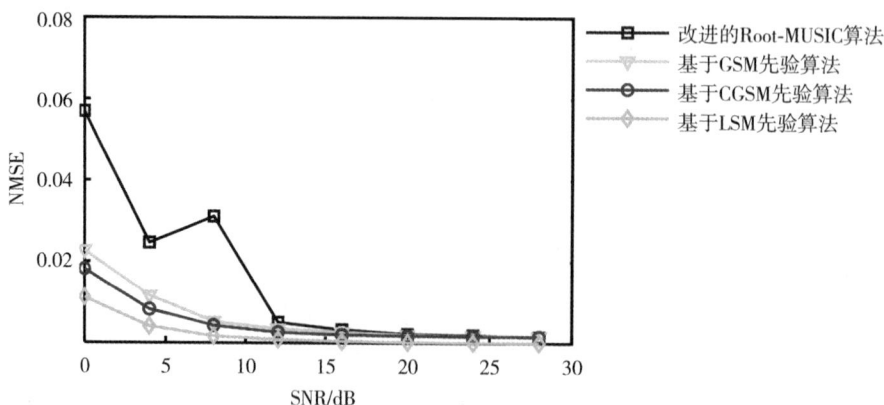

图 4-9　NMSE 随着 SNR 的变化曲线

在 SNR 为 5 dB 时, 采用改进的 Root-MUSIC 算法、基于 GSM 先验算法、基于 CGSM 先验算法和基于 LSM 先验算法得到的估计结果的 NMSE 分别为 0.0286, 0.0107, 0.0068 和 0.0032, 这说明采用基于 LSM 先验算法能比其他三种算法得到更高重构精度的融合结果。采用四种算法得到的融合频带和全频带的频率响应见图 4-10 所示, 可以看出, 在四种算法中, 采用基于 LSM 先验算法得到的融合频带频率响应与全频带频率响应的匹配度最高, 体现了该算法在低 SNR 条件下实现多频带信号融合的优越性。

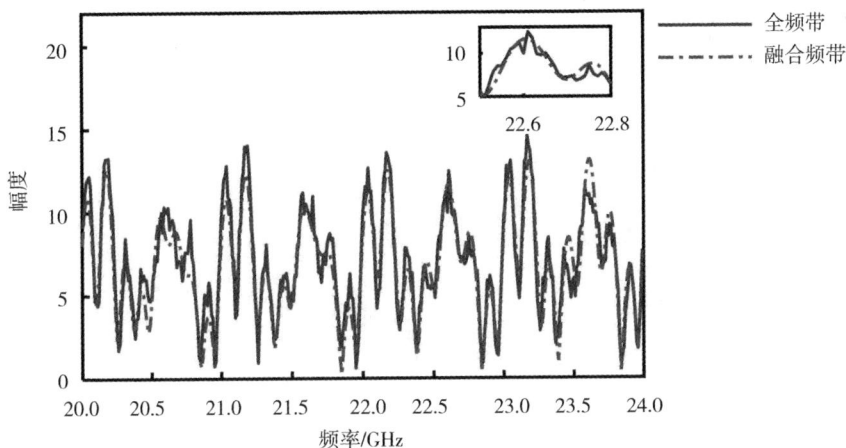

(a) 改进的 Root-MUSIC 算法

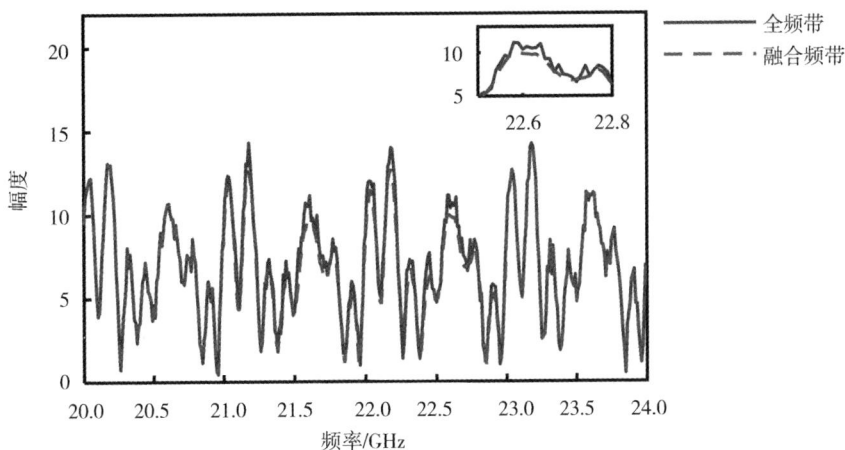

(b) 基于 GSM 先验算法

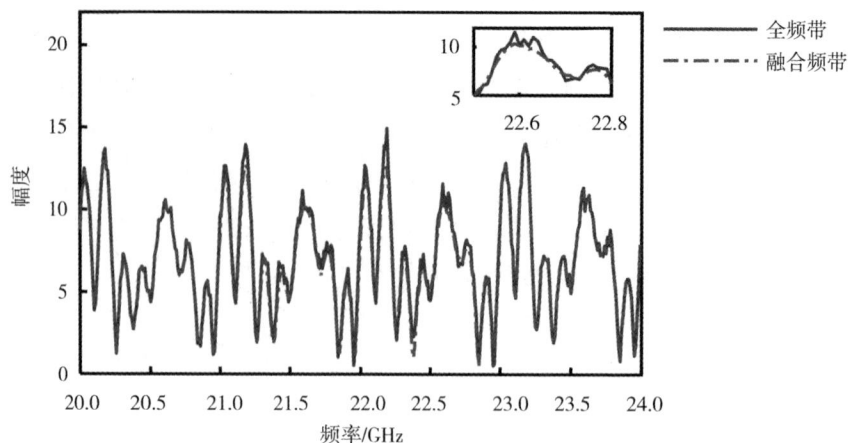

（c）基于 CGSM 先验算法

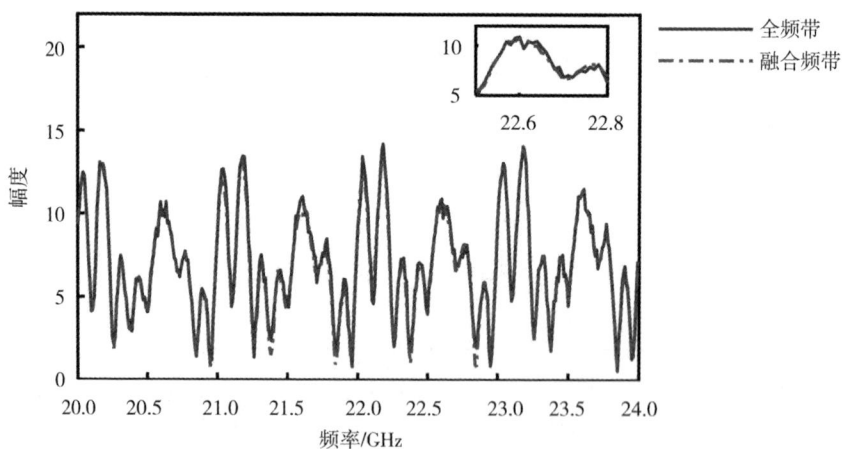

（d）基于 LSM 先验算法

图 4-10　融合频带和全频带的频率响应

4.5.2　同视角多频带 ISAR 融合成像

本节分别基于仿真数据和实测数据进行实验，以验证所提的两种基于稀疏贝叶斯模型的同视角多频带 ISAR 融合成像方法的有效性。

4.5.2.1　仿真数据成像

本仿真实验基于简单点目标模型实现同视角多频带 ISAR 融合成像。图 4-11(a)为目标模型,共包含 12 个散射点。其中,散射点 A 的坐标为(0, 0. 2),频率依赖因子为-1;散射点 B 的坐标为(0, 0),频率依赖因子为 0.5;其余散射点的频率依赖因子均为 0,所有散射点的散射系数幅度均为 1。子频带雷达和全频带雷达均发射 LFM 信号,脉冲重复频率均为 50 Hz,脉冲个数均为 256 个,雷达参数设置见表 4-1 所示。在成像时间内,假设目标在距离雷达 300 km 高度以 5 km/s 的速度做匀速直线运动,观测累积转角为 4.86°。

表 4-1　雷达系统参数

参数名称	雷达 1		雷达 2		全频带雷达	
频带/GHz	10.2	0.7	11.7	2.2	10.2	2.2
带宽/GHz	0.5		0.5		2	
频率采样间隔/MHz	5		5		5	
频率采样点数	100		100		400	
距离分辨率/m	0.3		0.3		0.075	

在回波信号中添加高斯白噪声,当 SNR 为 20 dB 时,经平动补偿和越分辨单元徙动校正后,子频带雷达 1 的 RD 成像结果见图 4-11(b)所示。可以看出,由于子频带雷达的发射信号带宽较窄,其距离分辨率的理论值为 0.3 m,大于散射点 A 与散射点 B 之间的相对距离 0.2 m,因此从雷达 1 的 RD 成像结果中无法分辨散射点 A 和散射点 B。将雷达 1 和雷达 2 的回波数据间的频带缺失数据补零后进行 FFT 压缩,直接采用 RD 算法实现融合成像,成像结果见图 4-11(c)所示。可以看出,与雷达 1 的 RD 成像结果相比,融合后的距离分辨率有所提高,基本能分辨出散射点 A 和散射点 B,但由于两部雷达间存在缺失频带,采用 RD 算法实现融合成像时,是直接将频带缺失部分补零后进行 FFT 压缩成像,容易引起能量泄漏等问题,导致未能完全区分散射点 A 和散射点 B,且在部分散射点附近出现虚假的小黑点,影响图像质量。

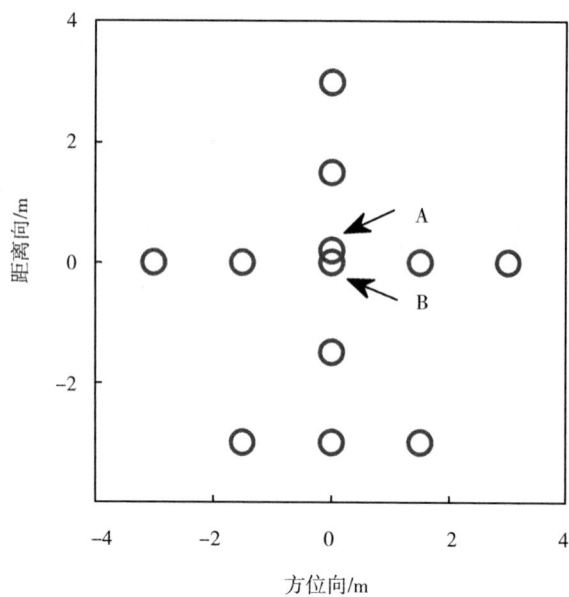

（a）目标模型

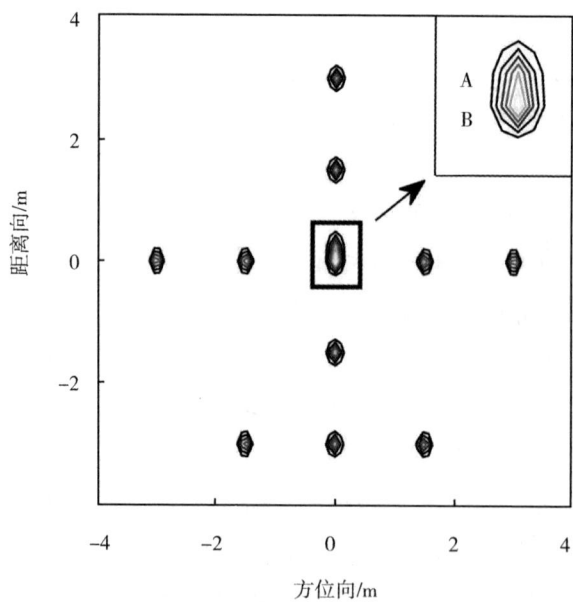

（b）雷达1的RD成像结果

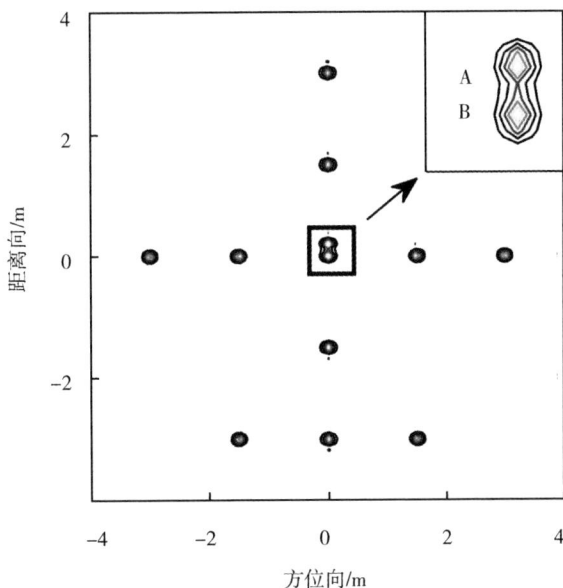

（c）RD 算法融合成像结果

图 4-11　目标模型及 RD 成像结果

采用改进的 Root-MUSIC 算法、基于 GSM 先验算法、基于 CGSM 先验算法和基于 LSM 先验算法进行同视角多频带 ISAR 融合成像，成像结果分别见图 4-12（a）~（d）所示。从图 4-12（a）可以看出，采用改进的 Root-MUSIC 算法进行融合成像时，能从融合成像结果中分辨出各个散射点，但由于受到模型参数估计误差和散射点频率依赖因子估计误差等因素影响，未能从成像结果中完全区分散射点 A 和散射点 B。从图 4-12（b）~（d）可以看出，采用基于 GSM 先验算法和本章所提的两种基于稀疏贝叶斯模型的同视角多频带 ISAR 融合成像算法进行融合成像时，从融合成像结果中均能完全区分出散射点 A 和散射点 B，说明这三种算法均能较好地实现融合成像，提高 ISAR 成像的距离分辨率。另外，通过成像结果中散射点的明暗程度可以发现，采用基于 GSM 先验算法和基于 CGSM 先验算法得到的融合成像结果中散射点 A 和散射点 B 的明暗程度相差较大，说明两个散射点的散射系数幅度估计不一致，而采用基于 LSM 先验算法得到的融合成像结果中散射点 A 和散射点 B 的明暗程度基本一致，说明两个散射点的散射系数幅度估计结果相近。故在实现同视角多频带 ISAR 融合成像时，采用基于 LSM 先验算法能得到更好的融合成像结果。

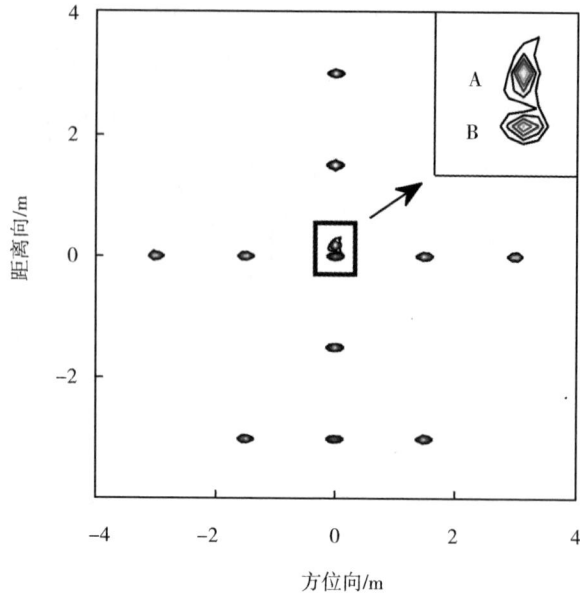

（a）改进的 Root-MUSIC 算法

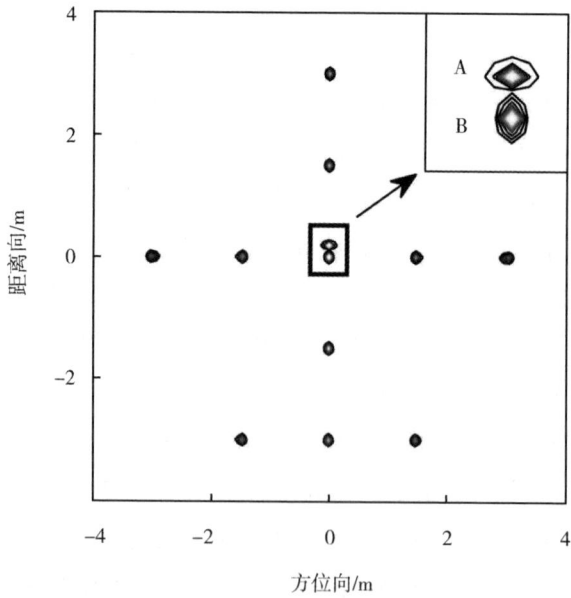

（b）基于 GSM 先验算法

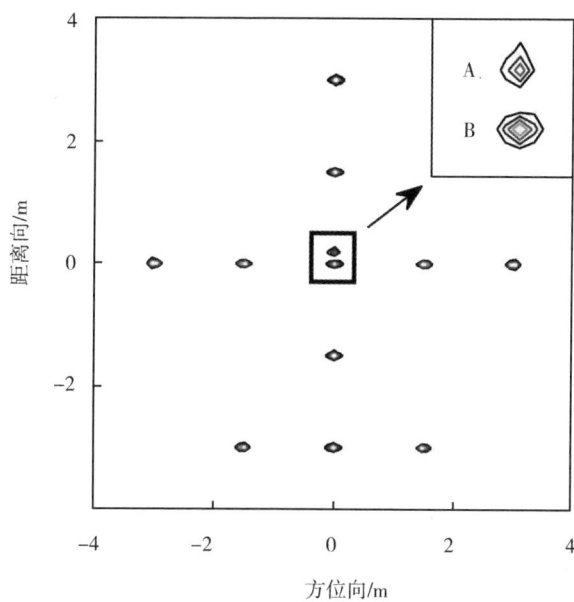

（c）基于 CGSM 先验算法

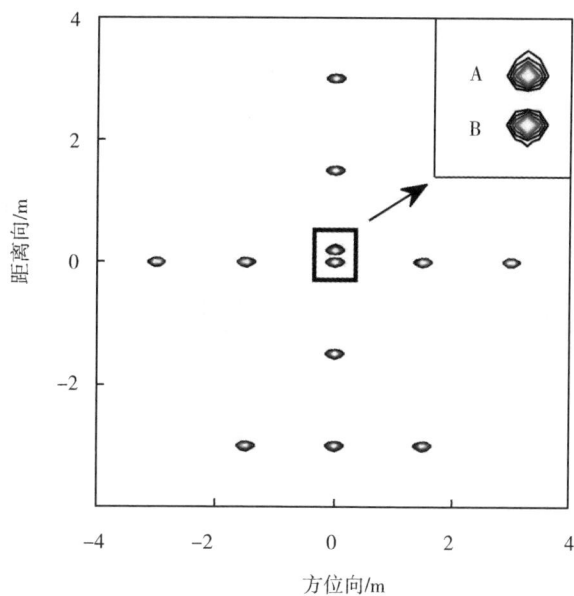

（d）基于 LSM 先验算法

图 4-12　不同算法的融合成像结果

4.5.2.2 实测数据成像

为了进一步地验证所提算法在处理复杂目标实测数据时的融合成像效果，基于 Yak-42 飞机实测数据进行同视角多频带 ISAR 融合成像实验，飞机实测数据与 2.3.3 节中的实测数据一致，共包含 256 个脉冲回波，每个脉冲的全频带回波中包含 256 个频率采样点数据。

(1)算法有效性验证。从全频带回波数据中，分块采样得到子频带的回波数据，其中，子频带 1 回波数据为前 64 个频率采样点包含的数据，子频带 2 回波数据为后 64 个频率采样点包含的数据。为回波添加高斯白噪声，使得 SNR 为 20 dB。图 4-13(a)为子频带 1 的 RD 成像结果，由于子频带带宽有限，所以单个子频带对应的距离分辨率低，导致其 RD 成像结果模糊，无法分辨目标的基本形状。将两个子频带间的频带缺失数据补零后进行 FFT 压缩，直接采用 RD 算法实现融合成像，成像结果见图 4-13(b)所示。

从图 4-13 可以看出，与单个子频带的 RD 成像结果相比，采用 RD 算法进行融合后，由于有效数据量增加，成像的距离分辨率有一定的改善，但采用 RD

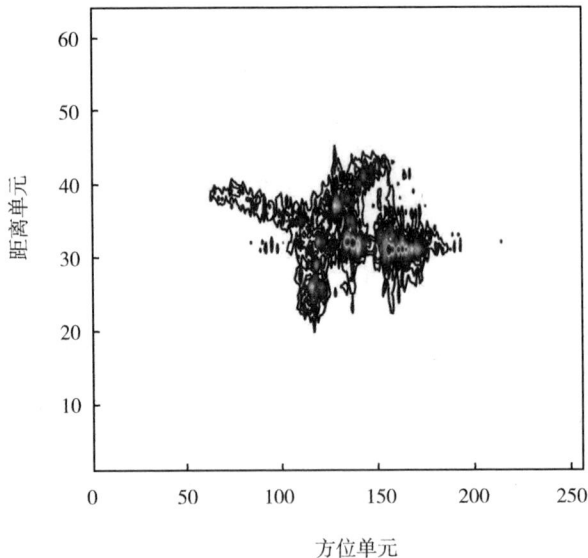

(a)子频带 1 的成像结果

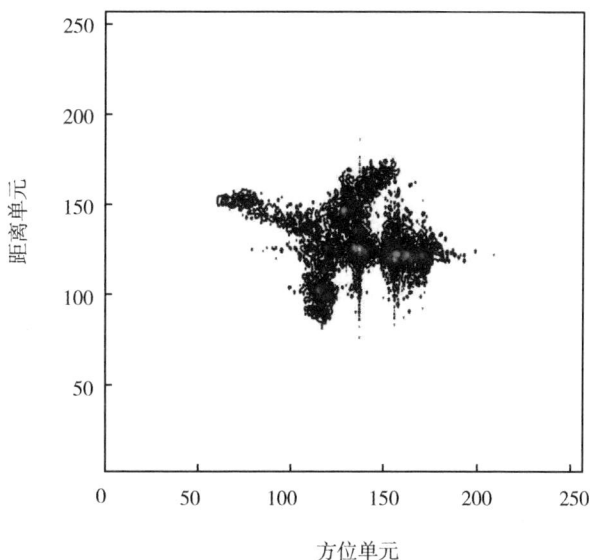

（b）融合成像结果

图 4-13 基于 RD 算法的 ISAR 成像结果

算法融合时，是直接将缺失频带数据补零后进行 FFT 压缩成像，导致大量的能量泄漏，造成图像散焦问题，仍然无法分辨出目标的基本结构信息。

采用改进的 Root-MUSIC 算法、基于 GSM 先验算法、基于 CGSM 先验算法和基于 LSM 先验算法进行同视角多频带 ISAR 融合成像，融合成像结果分别见图 4-14（a）~（d）所示。从图 4-14（a）可以看出，与采用 RD 算法得到的融合成像结果相比，采用改进的 Root-MUSIC 算法实现多频带 ISAR 融合成像时，能得到更聚焦的目标图像，进一步地提高了距离分辨率。但成像结果中存在一定的虚假散射点，且容易丢失目标飞机的一些细节结构信息，这是因为该方法需要在准确地估计模型阶数的前提下，才能较好地实现数据重构，而这在实际情况下很难实现。从图 4-14（b）~（d）可以看出，采用基于稀疏贝叶斯模型的三种算法均能较好地实现同视角多频带 ISAR 融合成像，其中本章所提的两种算法能得到清晰聚焦且结构完整的目标图像，验证了所提两种算法的有效性。

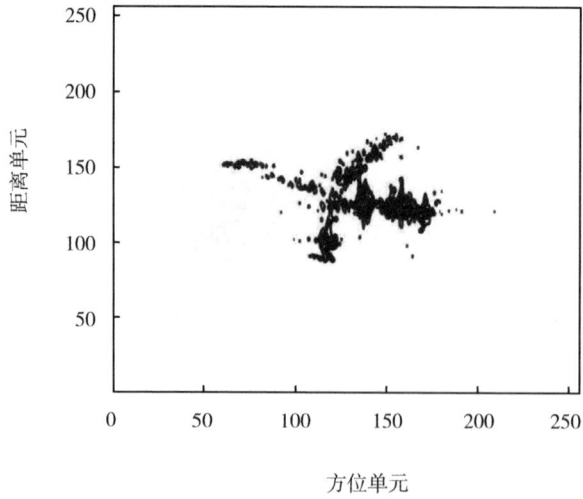

（a）改进的 Root-MUSIC 算法

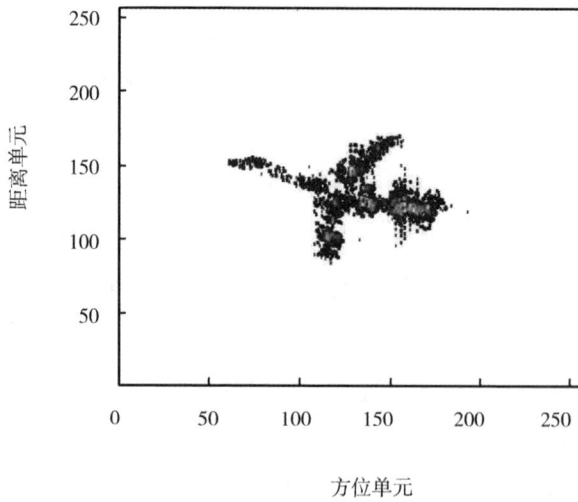

（b）基于 GSM 先验算法

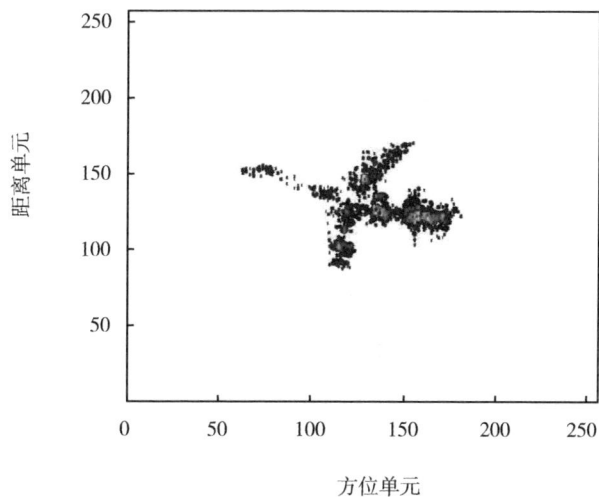

（c）基于 CGSM 先验算法

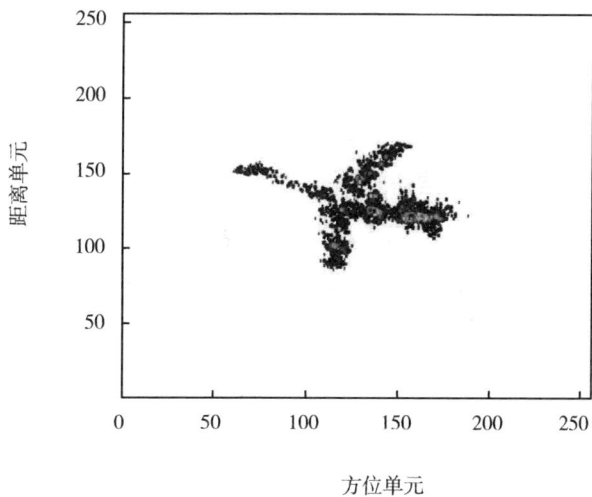

（d）基于 LSM 先验算法

图 4-14　不同算法的融合成像结果

（2）不同 SNR 条件下融合成像。仍从全频带回波中选取前 64 个频率采样点作为子频带 1 回波数据，选取后 64 个频率采样点作为子频带 2 回波数据。为了进一步地验证在不同 SNR 条件下算法的融合成像性能，通过改变噪声水平，使得 SNR 分别为 20，10，0 dB，分别采用改进的 Root-MUSIC 算法、基于 GSM 先验算法、基于 CGSM 先验算法和基于 LSM 先验算法在不同 SNR 条件下进行同视角多频带 ISAR 融合成像，图 4-15～图 4-17 分别为不同 SNR 条件下的融合成像结果。

从图 4-15(a)、图 4-16(a)和图 4-17(a)可以看出，随着 SNR 降低，采用改进的 Root-MUSIC 算法得到的融合成像结果中有越来越多的噪点未被抑制，导致产生虚假散射点，而且目标飞机的机头和机翼部位的一些细节结构有所缺失，导致目标轮廓不够清晰，目标整体结构不完整，影响了成像质量。特别是当 SNR 为 0 dB 时，已经无法从图 4-17(a)的融合成像结果中分辨出目标的基本形状。这是因为改进的 Root-MUSIC 算法在估计模型阶数等参数时，易受噪声水平影响，在低 SNR 条件下，重构误差较大。另外，处理实测数据时，目标相对比较复杂，更不容易准确地估计散射点个数，从而影响了融合成像质量。从图 4-15(b)、图 4-16(b)、图 4-17(b)和图 4-15(c)、图 4-16(c)、图 4-17(c)可以看出，与相同 SNR 条件下采用改进的 Root-MUSIC 算法得到的融合成像结果相比，采用基于 GSM 先验算法和基于 CGSM 先验算法实现融合成像时图像质量有所改善，能得到结构较为完整的目标图像，其中采用基于 CGSM 先验算法得到的图像更清晰。但当 SNR 为 0 dB 时，采用这两种算法得到的融合结果中存在一定的噪点未被抑制，形成虚假散射点，特别是机尾部分散焦比较严重，使得成像质量有所下降。从图 4-15(d)、图 4-16(d)和图 4-17(d)可以看出，随着 SNR 降低，采用基于 LSM 先验算法均能得到聚焦良好且形状完整的目标图像，即使在 SNR 为 0 dB 条件下，仍能得到背景较为干净的目标图像，这是因为 LSM 先验具有更强的稀疏促进作用，在低 SNR 条件下，对噪声的抑制效果更好，避免了产生大量的虚假散射点，体现了基于 LSM 先验算法在抗噪性能方面的优越性。

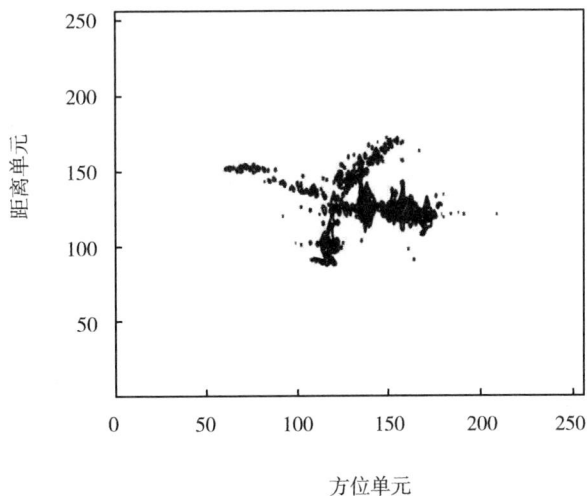

(a) 改进的 Root-MUSIC 算法

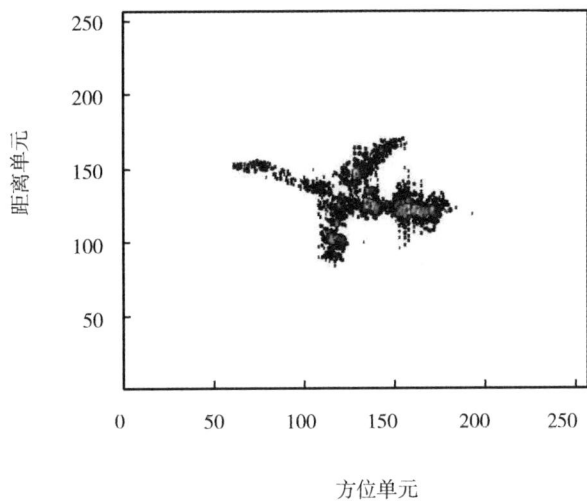

(b) 基于 GSM 先验算法

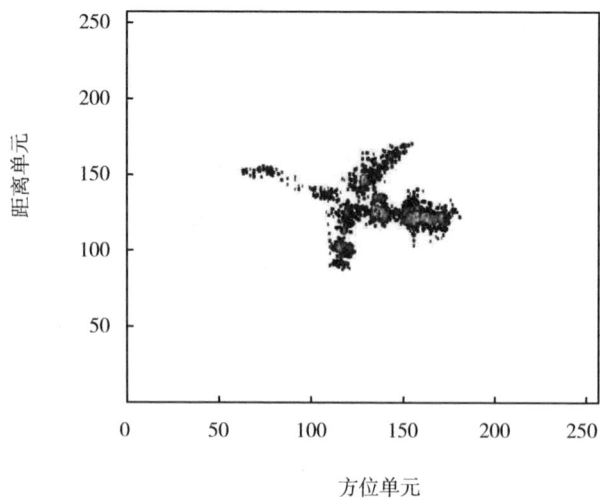

（c）基于 CGSM 先验算法

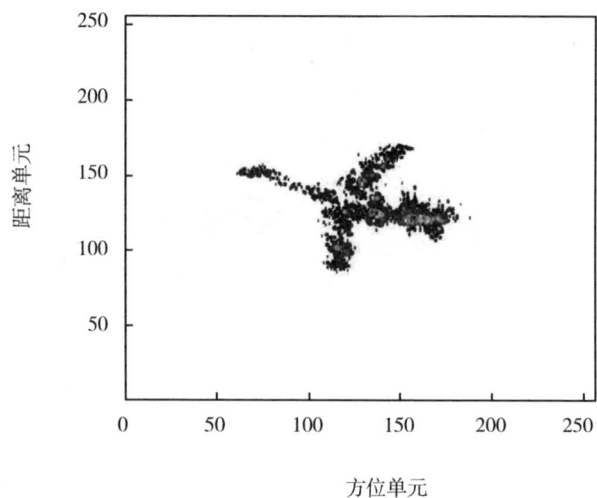

（d）基于 LSM 先验算法

图 4-15　SNR 为 20 dB 条件下不同算法融合成像结果

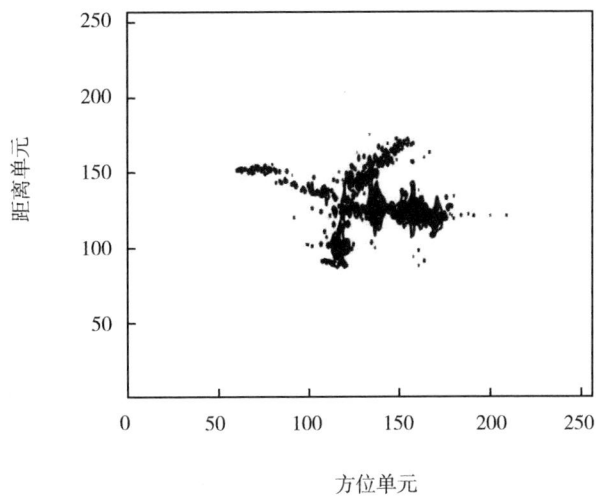

（a）改进的 Root-MUSIC 算法

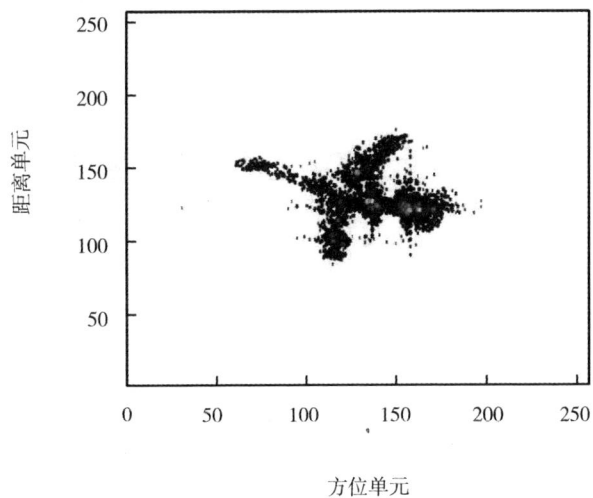

（b）基于 GSM 先验算法

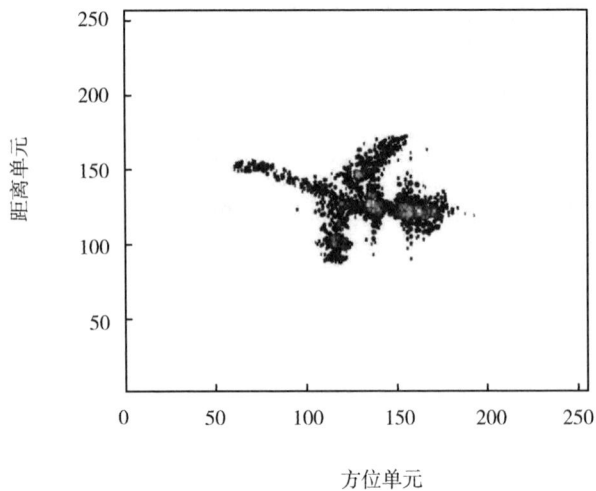

（c）基于 CGSM 先验算法

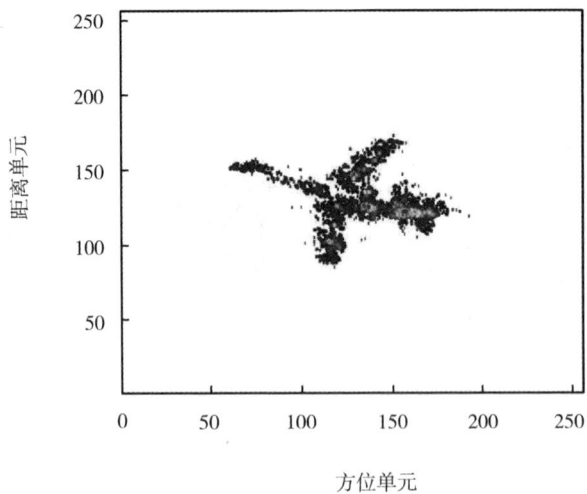

（d）基于 LSM 先验算法

图 4-16　SNR 为 10 dB 条件下不同算法融合成像结果

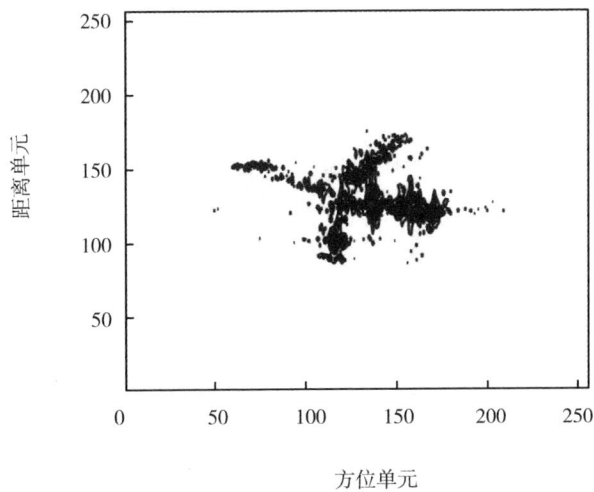

（a）改进的 Root-MUSIC 算法

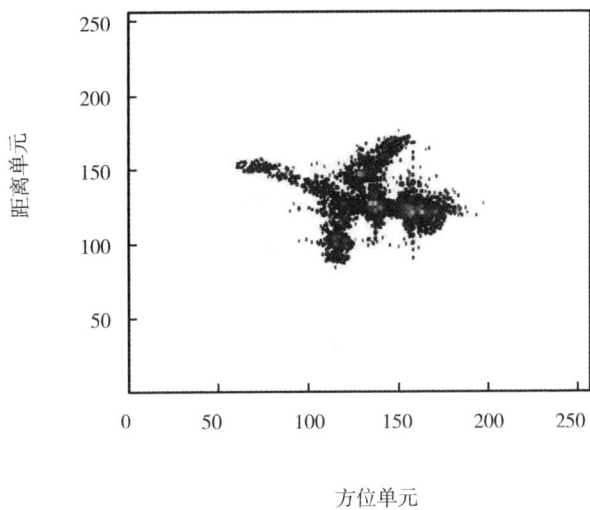

（b）基于 GSM 先验算法

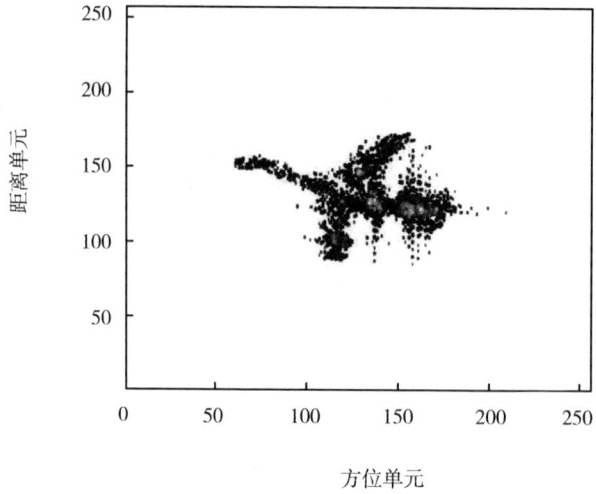

（c）基于 CGSM 先验算法

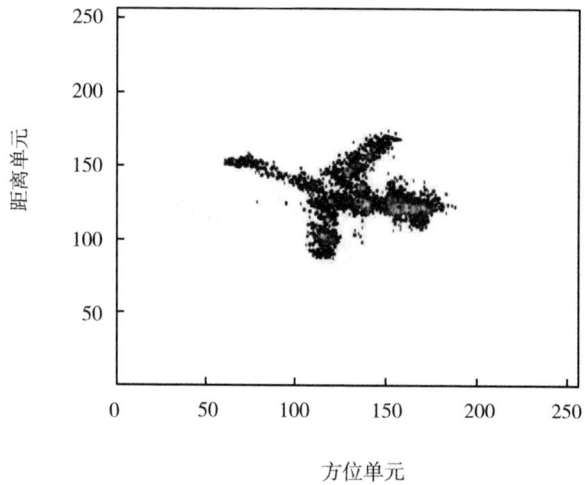

（d）基于 LSM 先验算法

图 4-17　SNR 为 0 dB 条件下不同算法融合成像结果

为了更直观地对比融合成像结果的图像质量，采用图像对比度（image contrast，IC）和目标背景比（target-to-background ratio，TBR）作为图像质量衡量指标。IC 和 TBR 分别定义为

$$
\begin{cases}
\mathrm{IC} = \dfrac{\sqrt{E\{[\,|A|-E(\,|A|\,)\,]^2\}}}{E(\,|A|\,)} \\[4mm]
\mathrm{TBR} = 10 \cdot \lg\left(\dfrac{\displaystyle\sum_{(k,\,n)\in T} |A(k,\,n)|^2}{\displaystyle\sum_{(k,\,n)\in B} |A(k,\,n)|^2}\right)
\end{cases}
\tag{4-51}
$$

其中，$E(\,\cdot\,)$ 表示取平均操作，T 和 B 分别表示目标支撑区和背景支撑区。IC 可用于衡量图像的整体聚焦效果，其值越大，表示图像的聚焦程度越高，质量越好；TBR 可用于表征图像的能量聚集程度，其值越大，表示图像的噪声越少，且能量越聚集。另外，采用运算时间作为衡量算法运算复杂度的指标，算法的运算时间越短，说明运算效率越高。

不同 SNR 条件下采用各算法得到的融合成像结果的衡量指标见表 4-2 所示。从表 4-2 可以看出，在相同的 SNR 条件下，采用基于 LSM 先验算法得到的融合图像的 IC 值和 TBR 值最大，其次是基于 GSM 先验算法和基于 CGSM 先验算法，而采用改进的 Root-MUSIC 算法所得的融合图像的 IC 值和 TBR 值最小，说明基于 LSM 先验算法的性能略优于基于 CGSM 先验算法和基于 GSM 先验算法，而且这三种算法的融合成像质量明显高于改进的 Root-MUSIC 算法，体现了基于稀疏贝叶斯模型融合成像方法在抗噪性能方面的优越性。这是因为基于稀疏贝叶斯模型的融合成像方法在构建稀疏先验模型时，充分利用了散射点分布和噪声的统计特性，可以在低 SNR 条件下，较好地实现稀疏重构。随着 SNR 降低，四种算法成像结果的 IC 值和 TBR 值也减小，但基于 LSM 先验算法得到的融合图像的 IC 值和 TBR 值变化量比其他三种算法都小，说明该融合算法在噪声条件下具有更强的稳健性。另外，从算法的运算时间结果可以看出，在相同的 SNR 条件下，改进的 Root-MUSIC 算法的运算时间最短，其次是基于 CGSM 先验算法和基于 LSM 先验算法，而基于 GSM 先验算法的运算时间最长。这是因为改进的 Root-MUSIC 算法原理简单、易于实现，而基于稀疏贝叶斯模型算法在稀疏重构时涉及矩阵求逆，故相比之下运算复杂度较大，其中基于 GSM

先验算法是在实数域进行求解的，需要分别重构复数信号的实部和虚部，故运算时间最长，而本章所提的两种算法均可以直接在复数域求解，提高了运算效率。

表 4-2　不同 SNR 条件下融合成像结果衡量指标

	SNR/dB	20	10	0
IC	改进的 Root-MUSIC 算法	5.7893	4.9675	4.1404
	基于 GSM 先验算法	8.6324	7.5329	6.6931
	基于 CGSM 先验算法	8.9421	8.4153	7.8260
	基于 LSM 先验算法	9.3710	8.8321	8.3273
TBR	改进的 Root-MUSIC 算法	25.3932	19.4572	12.5606
	基于 GSM 先验算法	33.4831	28.3821	21.3942
	基于 CGSM 先验算法	35.2931	30.5954	25.7762
	基于 LSM 先验算法	37.4682	33.6258	29.7673
运算时间/s	改进的 Root-MUSIC 算法	8.5832	9.3942	9.4822
	基于 GSM 先验算法	107.7344	112.3942	109.3492
	基于 CGSM 先验算法	59.3942	58.9503	60.4511
	基于 LSM 先验算法	60.3942	58.5326	59.6642

（3）不同子频带带宽条件下融合成像。为了进一步地验证在不同子频带带宽条件下算法的融合成像性能，从全频带回波数据中分块采样得到子频带的回波数据。其中，子频带 1 回波数据为前 M_1 个频率采样点包含的数据，子频带 2 回波数据为后 M_2 个频率采样点包含的数据。用于同视角多频带融合成像中子频带带宽的有效数据率可定义为 $\rho=(M_1+M_2)/M$。当 SNR 为 10 dB 时，改变有效数据率 ρ，在 $M_1=M_2=64$（即 $\rho=50\%$）、$M_1=M_2=48$（即 $\rho=37.5\%$）和 $M_1=M_2=32$（即 $\rho=25\%$）三种情况下，分别采用改进的 Root-MUSIC 算法、基于 GSM 先验算法、基于 CGSM 先验算法和基于 LSM 先验算法进行融合成像，结果分别见图 4-18～图 4-20 所示。

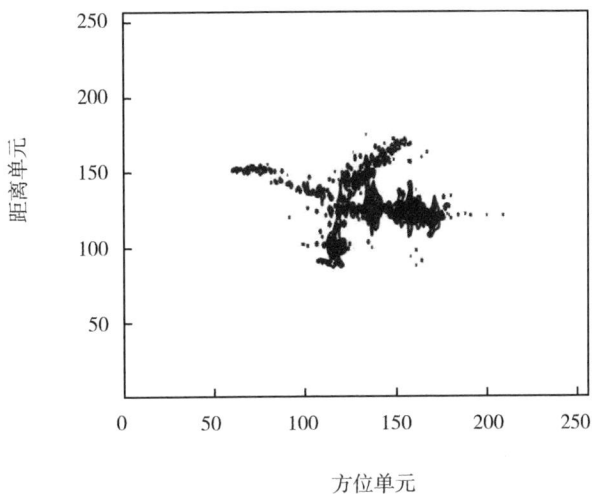

（a）改进的 Root-MUSIC 算法

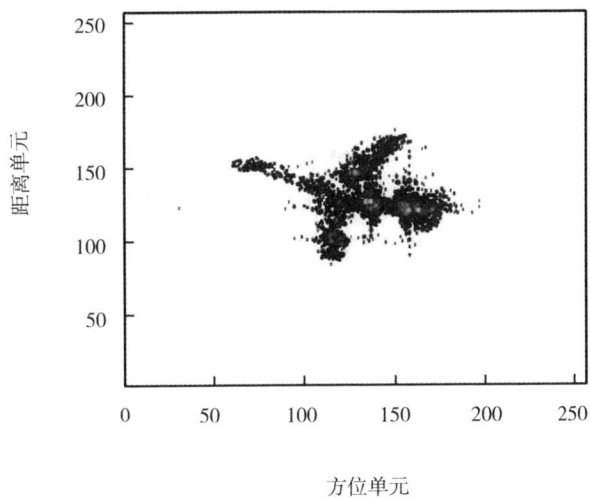

（b）基于 GSM 先验算法

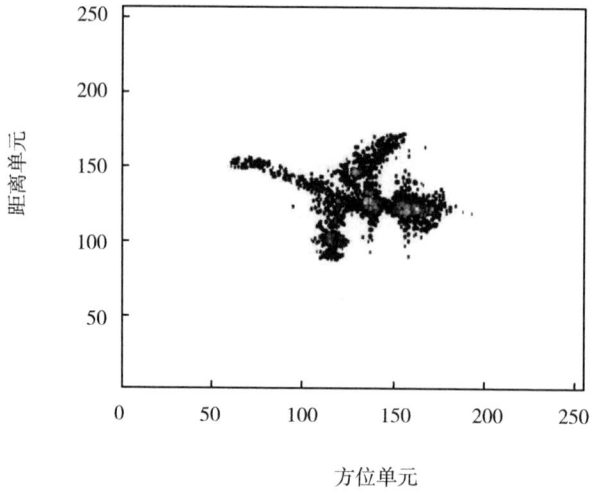

（c）基于 CGSM 先验算法

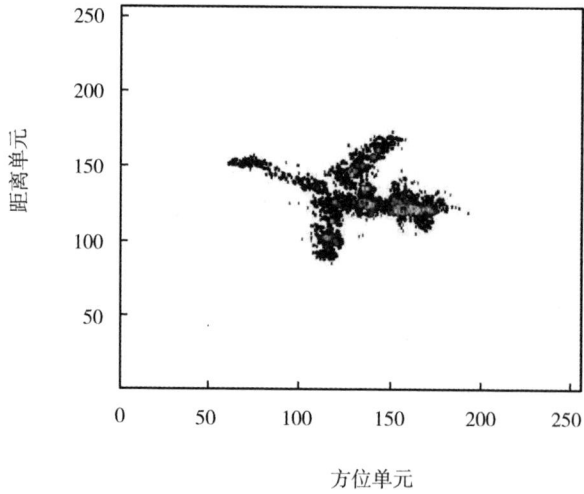

（d）基于 LSM 先验算法

图 4-18　$\rho = 50\%$ 条件下不同算法融合成像结果

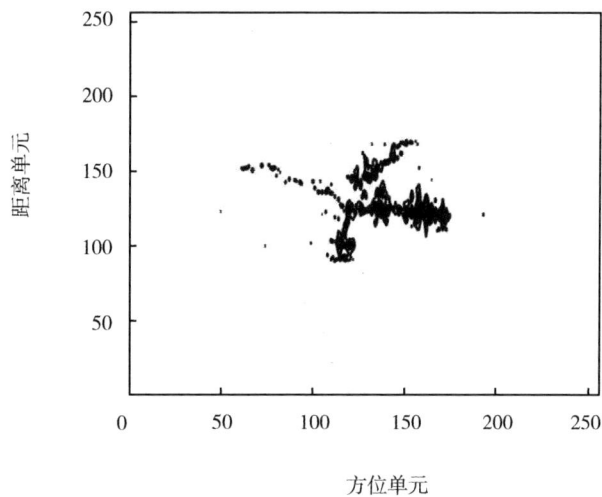

（a）改进的 Root-MUSIC 算法

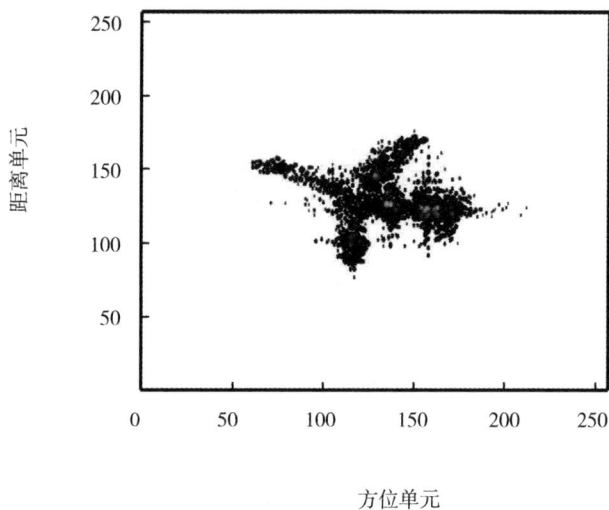

（b）基于 GSM 先验算法

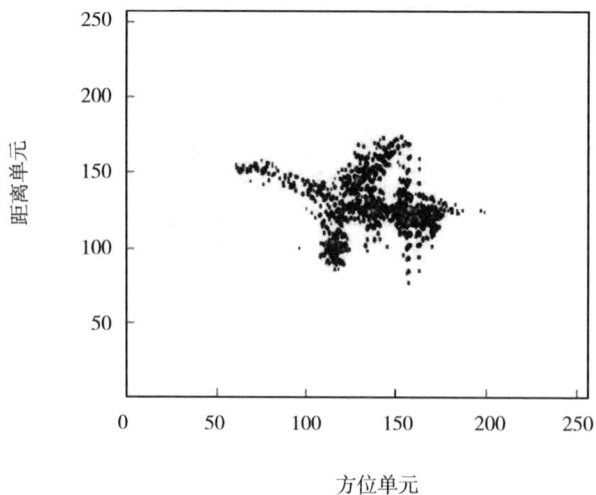

（c）基于 CGSM 先验算法

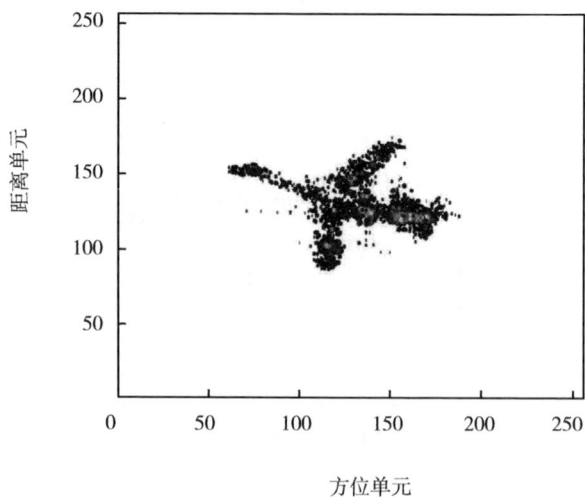

（d）基于 LSM 先验算法

图 4-19　$\rho = 37.5\%$ 条件下不同算法融合成像结果

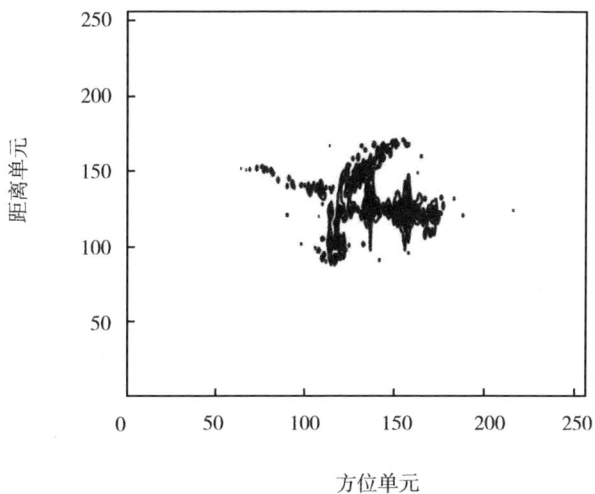

（a）改进的 Root-MUSIC 算法

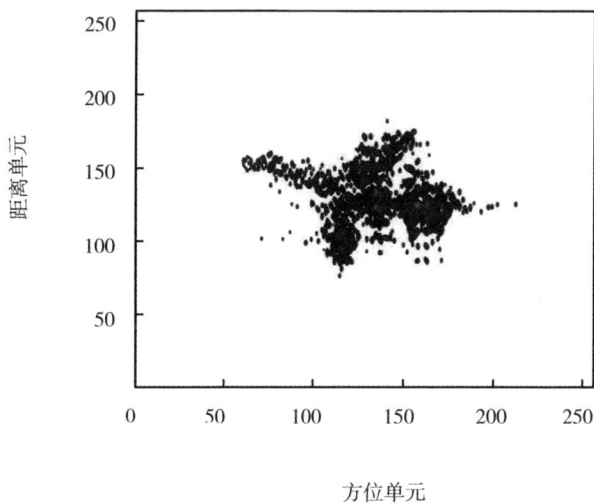

（b）基于 GSM 先验算法

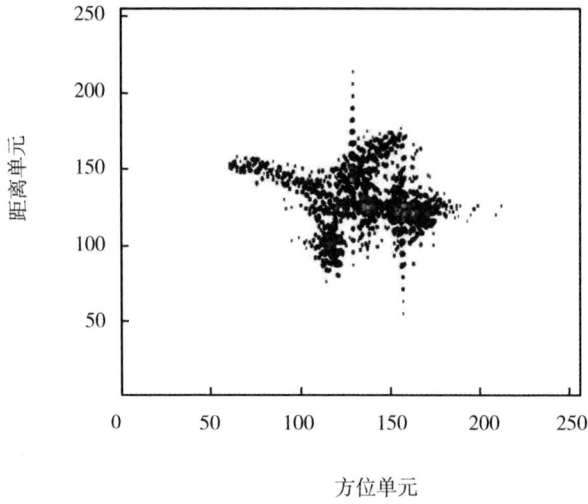

（c）基于 CGSM 先验算法

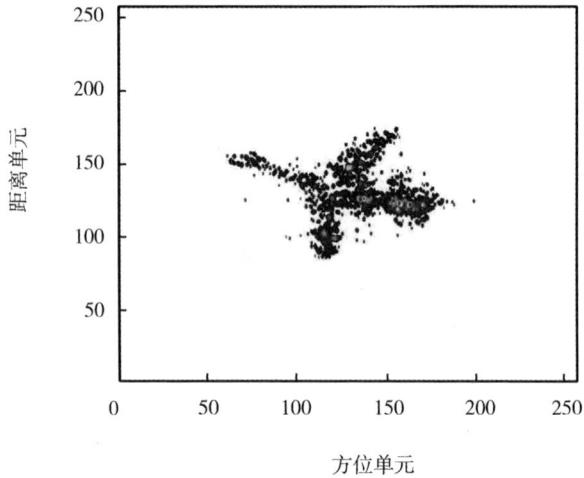

（d）基于 LSM 先验算法

图 4-20　$\rho=25\%$ 条件下不同算法融合成像结果

从图 4-18 可以看出，当 $\rho = 50\%$ 时，采用四种算法进行融合成像后，均能得到目标的基本轮廓，但在采用改进的 Root-MUSIC 算法得到的融合成像结果中，机翼部分容易丢失散射点，且背景中有少量的虚假散射点，影响了成像质量，而采用基于 GSM 先验算法、基于 CGSM 先验算法和基于 LSM 先验算法得到的成像结果中目标图像聚焦清晰，没有丢失散射点，目标形状结构完整。随着带宽有效数据率 ρ 下降，从图 4-19 和图 4-20 可以看出，采用改进的 Root-MUSIC 算法、基于 GSM 先验算法和基于 CGSM 先验算法的成像性能下降较为明显，特别是当 $\rho = 25\%$ 时，由于丢失了部分散射点以及产生了虚假散射点，而且图像有一定程度的散焦，因此从图 4-20(a) 和图 4-20(b) 的成像结果中不容易分辨出目标的几何结构。而采用基于 LSM 先验算法在子频带带宽的有效数据率较小的情况下仍能较完整地重建出目标的基本轮廓，当 $\rho = 25\%$ 时，虽然图 4-20(c) 的成像结果中存在少许虚假散射点，但仍能分辨出目标图像的基本形状，说明了基于 LSM 先验算法具有较强的稳健性，仅利用较少的子频带有效数据，也能较好地实现同视角多频带 ISAR 融合成像。

不同子频带带宽条件下采用各算法得到的融合成像结果的衡量指标见表 4-3 所示。从表 4-3 可以看出，在带宽有效数据率相同的条件下，采用基于 LSM 先验算法得到的成像结果的 IC 值和 TBR 值最大，其次是基于 CGSM 先验算法和基于 GSM 先验算法，而采用改进的 Root-MUSIC 算法得到的成像结果的 IC 值和 TBR 值最小。这说明与改进的 Root-MUSIC 算法和基于 GSM 先验算法相比，本章所提的两种基于稀疏贝叶斯模型融合成像方法可在子频带带宽较窄的情况下融合得到更好的成像质量，而且基于 LSM 先验算法比基于 CGSM 先验算法的融合成像性能更好。另外，从算法的运算时间可以看出，在相同的有效数据率条件下，改进的 Root-MUSIC 算法的运算时间最短，而基于 GSM 先验算法的运算时间最长。

表 4-3　不同子频带带宽条件下融合成像结果衡量指标

	带宽有效数据率	$\rho = 50\%$	$\rho = 37.5\%$	$\rho = 25\%$
IC	改进的 Root-MUSIC 算法	4.9675	4.2349	3.5919
	基于 GSM 先验算法	7.5329	7.1482	6.3242
	基于 CGSM 先验算法	8.4153	7.8452	7.2213
	基于 LSM 先验算法	8.8321	8.3024	7.8371

表4-3(续)

带宽有效数据率		$\rho=50\%$	$\rho=37.5\%$	$\rho=25\%$
	改进的 Root-MUSIC 算法	19.4572	14.2562	9.7567
TBR	基于 GSM 先验算法	28.3821	24.2563	19.6942
	基于 CGSM 先验算法	30.5954	26.8567	22.3561
	基于 LSM 先验算法	33.6258	31.6445	29.5753
	改进的 Root-MUSIC 算法	9.3942	8.3824	7.8442
运算时间/s	基于 GSM 先验算法	112.3942	104.5675	93.4932
	基于 CGSM 先验算法	58.9503	54.8593	51.4524
	基于 LSM 先验算法	58.5326	55.3424	50.3452

◆ 4.6　本章小结

为了提高 ISAR 成像的距离分辨率,本章提出了基于稀疏贝叶斯模型的同视角多频带 ISAR 融合成像方法。首先,基于 ISAR 成像原理与稀疏表示理论,利用邻近放置的不同工作频带的多部雷达对目标观测所得的回波信号,建立了同视角多频带 ISAR 融合成像的信号表示模型。然后,为了利用分层稀疏先验增强模型的灵活性,提出了一种基于 CGSM 先验的融合成像方法,直接在复数域采用 VB-EM 算法进行稀疏重构,提高了运算效率。为了进一步地提高先验模型的稀疏促进作用,并增强模型的灵活性,又提出了一种基于 LSM 先验的融合成像方法,直接在复数域采用 LA-VBI 算法进行稀疏重构,可获得更稀疏的解。最后,利用一维距离像融合实验和同视角多频带 ISAR 融合成像实验验证了所提方法的有效性,通过对比不同 SNR 条件和不同子频带带宽条件下基于实测数据的融合成像结果发现,本章所提的两种基于稀疏贝叶斯模型的同视角多频带 ISAR 融合成像方法的融合成像性能更稳健,特别是基于 LSM 先验算法能在低 SNR 和有效频带数据较少的条件下获得更好的融合成像效果。

第 5 章　总结与展望

◆ 5.1　工作总结

传统的单基地 ISAR 成像时，通常采取增大发射信号带宽和观测累积转角的方式，分别提高距离分辨率和方位分辨率，但会造成雷达硬件系统复杂，制造成本高昂，而且运动补偿困难，导致雷达成像分辨率提高的程度有限。本书以提高 ISAR 成像分辨率为目的，以稀疏表示理论为技术手段，利用多部不同工作频带和不同观测视角的雷达得到的观测回波，对 ISAR 多雷达数据融合高分辨成像技术展开研究，主要研究了多雷达信号互相干处理方法、同视角多频带 ISAR 融合成像方法以及多视角多频带 ISAR 融合成像方法，打破了传统单基地雷达成像二维分辨率分别受发射信号带宽和观测累积转角的约束，有利于在不增加雷达系统复杂度和观测时间的情况下，提高成像质量，提供更丰富的目标信息，对目标分类与识别具有重要意义。本书主要工作总结如下。

① 为建立合适的目标散射模型，分别基于理想点散射模型和 GTD 模型建立了 ISAR 成像回波模型，介绍了 ISAR 成像的基本原理以及越分辨单元徙动校正方法，分析了成像分辨率的影响因素；为提高单基地 ISAR 成像分辨率，阐述了稀疏表示理论，并将其应用到 ISAR 成像中，突破了传统理论分辨率的限制，提高了成像二维分辨率；最后，通过实验验证了利用稀疏表示理论实现 ISAR 超分辨成像的有效性以及在提高成像分辨率方面的优越性，为后续利用稀疏表示理论解决 ISAR 多雷达数据融合成像中的若干问题奠定了基础。

② 为实现多雷达信号互相干匹配，提出了一种基于稀疏表示的多雷达信号互相干处理方法。首先，分析了多雷达信号间的非相干相位关系，通过构造相干处理字典建立了多雷达信号互相干处理的信号表示模型；然后，为减轻网格

失配影响，通过改进相干处理字典，在不增加字典维数的情况下，提高字典的离散精细化程度，进而提高非相干相位估计精度；最后，采用 OMP 算法进行模型求解，实现对非相干相位的估计与补偿；实验结果表明，与现有的互相干处理方法相比，所提方法拥有更优的非相干相位估计精度和抗噪性能，能够有效地完成多雷达信号间的相干匹配，是后续进行多雷达数据融合成像的前提。

③ 为提高 ISAR 成像的距离分辨率，提出了基于稀疏贝叶斯模型的同视角多频带 ISAR 融合成像方法。首先，基于稀疏表示理论建立了同视角多频带 ISAR 融合成像的信号表示模型；然后，利用分层先验模型的灵活性，提出了一种基于 CGSM 先验的融合成像方法，直接在复数域采用 VB-EM 算法进行稀疏重构，避免了将复数信号实数域处理，提高了运算效率；为了进一步地提高先验模型的稀疏促进作用以及灵活性，又提出了一种基于 LSM 先验的融合成像方法，直接在复数域采用 LA-VBI 算法进行稀疏重构，可获得更稀疏的解；实验结果表明，与谱估计类融合成像方法相比，所提的两种基于稀疏贝叶斯模型的融合成像方法具有更稳健的融合成像性能。其中，在低 SNR 和频带缺失范围较大条件下，基于 LSM 先验的融合成像算法的融合成像效果更好。

◆◇ 5.2　工作展望

本书主要围绕 ISAR 多雷达数据融合高分辨成像技术展开研究，取得了一定的研究成果。但由于 ISAR 系统和信号处理技术的复杂性，囿于著者的精力和能力，仍有如下问题需要进一步研究。

① 复杂目标的多雷达数据融合成像方法。本书主要针对平稳运动目标建立了多雷达回波观测模型，并实现了融合成像，取得了较好的成像效果。但在实际情况下，复杂目标通常存在机动或微动等运动特征，此时需要根据目标实际的运动特征，建立相应的多雷达观测回波模型，进而研究相关的运动参数估计方法和融合成像方法，有效地实现复杂目标多雷达数据融合成像。

② 多雷达实测数据验证。受国内多站 ISAR 系统发展现状的限制，目前无法直接获得有效的多雷达实测数据进行融合成像算法性能验证，现有的文献进行融合算法性能验证均是基于仿真实验或从单雷达实测数据中分块采样实现的，本书也是采用这种方式进行算法性能验证的。随着系统设备和硬件技术的

发展。相信，今后可以直接利用多雷达实测数据验证融合成像方法的性能。

③ 基于深度学习的多雷达数据融合成像方法。深度学习作为新兴的算法，其神经网络具有强大的泛化和特征提取能力，已有文献将深度学习应用于 ISAR 成像，解决了雷达成像分辨率低、存在栅瓣和散焦等问题，提高了雷达成像质量。针对多雷达数据融合成像问题，可以结合深度学习理论，研究相关的融合成像算法，实现基于深度学习的多雷达数据融合成像。

参考文献

[1] 刘永坦.雷达成像技术[M].哈尔滨:哈尔滨工业大学出版社,2014.

[2] 保铮,邢孟道,王彤.雷达成像技术[M].北京:电子工业出版社,2005.

[3] CHEN C C,ANDREWS H C.Target-motion-induced radar imaging[J].IEEE transactions on aerospace and electronics systems,1980,16(1):2-14.

[4] CHEN V C,MARTORELLA M.Inverse synthetic aperture radar imaging:principles,algorithms and applications[M].Raleigh:Scitech Publishing,2014.

[5] 邢孟道,保铮,李真芳,等.雷达成像算法进展[M].北京:电子工业出版社,2014.

[6] HU C,WANG L,LI Z,et al.Inverse synthetic aperture radar imaging using a fully convolutional neural network[J].IEEE geoscience and remote sensing letters,2020,17(7):1203-1207.

[7] 杨磊,夏亚波,毛欣瑶,等.基于分层贝叶斯 Lasso 的稀疏 ISAR 成像算法[J].电子与信息学报,2021,43(3):623-631.

[8] SHAO S,ZHANG L,LIU H W.High-resolution ISAR imaging and motion compensation with 2-D joint sparse reconstruction[J].IEEE transactions on geoscience and remote sensing,2020,58(10):6791-6811.

[9] ZHANG S H,LIU Y X,LI X,et al.Bayesian high resolution range profile reconstruction of high-speed moving target from under-sampled data[J].IEEE transactions on image processing,2020,29:5110-5120.

[10] JI B,ZHAO B,WANG Y,et al.Novel sparse apertures ISAR imaging algorithm via the TLS-ESPRIT technique[J].IET radar, sonar & navigation,2020,14(6):852-859.

[11] SHAO S,ZHANG L,LIU H W,et al.Joint sparse aperture ISAR autofocusing and scaling via modified Newton method-based variational Bayesian inference

[J].IEEE transactions on geoscience and remote sensing,2019,57(7):4857-4869.

[12] ZHANG S H,LIU Y X,LI X.Fast sparse aperture ISAR autofocusing and imaging via ADMM based sparse Bayesian learning[J].IEEE transactions on image processing,2020,29:3213-3226.

[13] WEI S P,ZHANG L,MA H,et al.Sparse frequency waveform optimization for high-resolution ISAR imaging[J].IEEE transactions on geoscience and remote sensing,2020,58(1):546-566.

[14] 田彪,刘洋,呼鹏江,等.宽带逆合成孔径雷达高分辨成像技术综述[J].雷达学报,2020,9(5):765-802.

[15] RONG J J,WANG Y,HAN T.Iterative optimization-based ISAR imaging with sparse aperture and its application in interferometic ISAR imaging[J].IEEE sensors journal,2019,19(19):8681-8693.

[16] XU G,XING M D,XIA X G,et al.High-resolution inverse synthetic aperture radar imaging and scaling with sparse aperture[J].IEEE journal of selected topics in applied earch observations and remote sensing,2015,8(8):4010-4027.

[17] ZHANG Y,WANG T J,ZHAO H P,et al.Multiple radar subbands fusion algorithm based on support vector regression in complex noise environment[J].IEEE transactions on antennas and propagation,2018,66(1):381-392.

[18] HASHEMPOUR H R.Sparsity-driven ISAR imaging based on two-dimensional ADMM[J].IEEE sensors journal,2020,20(22):13349-13356.

[19] HOU B,ZHANG G,LI Z W,et al.Sparse coding-inspired high-resolution ISAR imaging using multistage compressive sensing[J].IEEE transactions on aerospace and electronic systems,2017,53(1):26-40.

[20] YIN Z P,LU X F,CHEN W D.Echo preprocessing to enhance SNR for 2D CS-based ISAR imaging method[J].Sensors,2018,18(12):4409.

[21] TIAN J H,SUN J,WANG G,et al.Multiband radar signal coherent fusion processing with IAA and apFFT[J].IEEE signal processing letters,2013,20(5):463-466.

[22] ZHOU F,BAI X R.High-resolution sparse subband imaging based on Bayes-

ian learning with hierarchical priors[J].IEEE transactions on geoscience and remote sensing,2018,56(8):4568-4580.

[23] ZHANG Y,WANG T,ZHAO H,et al.Multiple radar subbands fusion algorithm based on support vector regression in complex noise environment[J]. IEEE transactions on antennas and propagation,2018,66(1):381-392.

[24] YU Z,CHEN Y,SUN Z,et al.The super-resolution range imaging based on multiband wideband signal fusion[C]// 2nd Asian-Pacific Conference on Synthetic Aperture Radar,Xi'an,China,2009:160-164.

[25] ZOU Y Q,GAO X Z,LI X,et al.Multiband radar signals coherent compensation with sparse representation[C]// 8th International Congress on Image and Signal Processing(CISP),Shenyang,China,2015:1085-1089.

[26] BAI X R,ZHOU F,WANG Q,et al.Sparse subband imaging of space targets in high-speed motion[J].IEEE transactions on geoscience and remote sensing,2013,51(7):4144-4154.

[27] TIAN B,CHEN Z P,XU S Y.Sparse subband fusion imaging based on parameter estimation of geometrical theory of diffraction model[J].IET radar,sonar and navigation,2013,8(4):318-326.

[28] ZOU Y Q,GAO X Z,LI X.A sparse representation and GTD model parameter estimation based multiband radar signal coherent compensation method[C]// CIE International Conference on Radar,Guangzhou,China,2016:1-4.

[29] XIONG D,WANG J L,QI X Y,et al.A coherent compensation method for multiband fusion imaging[C]// IEEE Radar Conference,Seattle,WA,2017: 1024-1027.

[30] 李少东,陈文峰,杨军,等.稀疏孔径下的运动补偿及快速超分辨成像算法 [J].电子学报,2017,45(2):291-299.

[31] ZHANG L,WANG H X,QIAO Z J.Resolution enhancement for ISAR imaging via improved statistical compressive sensing[J].EURASIP journal on advances in signal processing,2016,80:1-19.

[32] ZHAO L F,WANG L,BI G,et al.An autofocus technique for high-resolution inverse synthetic aperture radar imagery[J].IEEE transactions on geoscience and remote sensing,2014,52(10):6392-6403.

[33] ZHANG C,ZHANG S H,LIU Y X,et al.Joint structured sparsity and least entropy constrained sparse aperture radar imaging and autofocusing[J].IEEE transactions on geoscience and remote sensing,2020,58(9):6580-6593.

[34] ZENG C Z,ZHU W G,JIA X,et al.Sparse aperture ISAR imaging method based on joint constraints of sparsity and low rank[J].IEEE transactions on geoscience and remote sensing,2021,59(1):168-181.

[35] WANG Y,LIU Q C.Super-resolution sparse aperture ISAR imaging of maneuvering target via the RELAX algorithm[J].IEEE sensors journal,2018,18(21):8726-8738.

[36] ZHANG L,QIAO Z J,XING M D,et al.High-resolution ISAR imaging by exploiting sparse apertures[J].IEEE transactions on antennas and propagation,2012,60(2):997-1008.

[37] LIU Q C,LIU A J,WANG Y,et al.A super-resolution sparse aperture ISAR sensors imaging algorithm via the MUSIC technique[J].IEEE transactions on geoscience and remote sensing,2019,57(9):7119-7134.

[38] PASTINA D,SANTI F,BUCCIARELLI M.Multi-angle distributed ISAR with stepped-frequency waveforms for surveillance and recognition[C]//CIE International Conference on Radar,Chengdu,China,2011:528-532.

[39] ENDER J,SOMMER R.Compressive sensing techniques applied to multi-look ISAR images[C]//18th International Radar Symposium,Prague,Czech Republic,2017:1-10.

[40] 赵志强.ISAR高分辨融合成像方法研究[D].西安:西安电子科技大学,2020.

[41] YI L,DING D Z,CHEN R S,et al.Multi-radar fusion technique for high-resolution ISAR imaging in sea-cluttered environment[J].The journal of engineering,2019(20):6898-6901.

[42] LIU C,TAO S F,DING D Z,et al.Multi-radar target parameter estimation and fusion based on attribute scattering centre model[J].The journal of engineering,2019(20):6894-6897.

[43] XU J,SONG D W,DING D Z,et al.High resolution 2d-imaging based on data fusion technique[C]//IEEE International Conference on Computational E-

lectromagnetics,Chengdu,China,2018:1-3.

[44] 黄璟,宁超,肖志河.一种新的多波段雷达相参处理方法[J].微波学报,
2012(增刊3):64-67.

[45] XU X,LI J.Ultrawide-band radar imagery from multiple incoherent frequency
subband measurements[J].Journal of systems engineering and electronics,
2011,22(3):398-404.

[46] 叶钒,何峰,朱炬波,等.基于目标特性增强的频带缺失雷达信号融合处理
[J].系统工程与电子技术,2011,33(10):2226-2229.

[47] 梁福来,黄晓涛,雷鹏正.一种新的多频段雷达信号相干算法[J].信号处
理,2010,26(6):863-868.

[48] ODENDAAL J W,BARNARD E,PISTORIUS C W I.Two-dimensional super-
resolution radar imaging using the MUSIC algorithm[J].IEEE on antennas
and propagation,1994,4(10):1386-1391.

[49] ROY R,KAILATH T.ESPRIT-estimation of signal parameters via rotational
invariance techniques[J].IEEE transactions on acoustics speech and signal
processing,2002,37(7):984-995.

[50] HUA Y,SARKAR T K.Matrix pencil method for estimating parameters of ex-
ponentially damped/undamped sinusoids in noise[J].IEEE transactions on a-
coustics speech and signal processing,1990,38(5):814-824.

[51] ZHAO G,SHEN F,LIN J,et al.Fast ISAR imaging based on enhanced sparse
representation model[J].IEEE transactions on antennas and propagation,
2017,65(10):5453-5461.

[52] WANG L,ZHAO L,BI G,et al.Sparse representation-based ISAR imaging
using Markov random fields[J].IEEE journal of selected topics in applied
earth observations and remote sensing,2015,8(8):3941-3953.

[53] YE F,ZHANG F,ZHU J.ISAR super-resolution imaging based on sparse rep-
resentation[C]// International Conference on Wireless Communications &
Signal Processing,Suzhou,China,2010:1-6.

[54] AVENT R K,SHELTON J D,BROWN P.The ALCOR C-band imaging radar
[J]. IEEE antennas and propagation magazine,1996,38(3):16-27.

[55] LINCOLN L.MIT Lincoln laboratory 2009 annual report[R].Lexington,MA:

Lincoln Laboratory,2009.

[56] WEISS H G.The millstone and haystack radars[J].IEEE transactions on aerospace and electronic systems,2001,37(1):365-379.

[57] 史仁杰.雷达反导与林肯实验室[J].系统工程与电子技术,2007,29(11):1781-1799.

[58] KEMPKES M A,HAWKEY T J,GAUDREAU M P J,et al.W-band transmitter upgrade for the Haystack Ultra Wideband Satellite Imaging Radar(HUSIR)[C]// IEEE International Vacuum Electronics Conference,Monterey,CA,2006:551-552.

[59] ABOUZAHRA M D,AVENT R K.The 100-kW millimeter-wave radar at the Kwajalein Atoll[J].IEEE antennas and propagation magazine,1994,36(2):7-19.

[60] STAMBAUGH J J,LEE R K,CANTRELL W H.The 4 GHz bandwidth millimeter-wave radar[J].Lincoln laboratory journal,2012,19(2):64-76.

[61] 佛显超,贾祥瑞,林青松.导弹防御系统的 X 波段雷达能力分析[J].火控雷达技术,2009,38(3):8-12.

[62] 陈晓栋.美国海基 X 波段雷达发展现状[J].现代雷达,2011,33(6):29-31.

[63] WILLIAM P D,WILLIAMM W W.Radar development at Lincoln laboratory:an overview of the first fifty years[J].Lincoln laboratory journal,2000,12(2):147-166.

[64] Lincoln labratory annual report 2012[EB/OL].[2025-01-20].http://www.ll.mit.edu.

[65] A sourcebook for the use of the FGAN tracking and imaging radar for satellite imaging[EB/OL].[2025-01-20].http://www.fhr.fgan.de/fhr/fhr_en.html.

[66] Analysis of the ATV-4 using radar images[EB/OL].[2025-01-20].http://www.fhr.fgan.de/en/businessunits/space/Analysis of the ATV-4 using radar images.html.

[67] GOMBERT G,BECKNER F.High resolution 2-D ISAR image collection and processing[C]// Aerospace and Electronics Conference,Dayton,USA,1994:371-377.

［68］ Thales group［EB/OL］.［2025-01-20］.http：//www.thalesgroup.com.

［69］ 王成,胡卫东,郁文贤.基于 ESPRIT-LS 的幅相补偿参数估计算法［J］.系统工程与电子技术,2006,28(3):350-354.

［70］ CUOMO K M,PION J E,MAYHAN J T.Ultrawide-band coherent processing［J］. IEEE transactions on antennas and propagation,1999,47(6):1094-1107.

［71］ VANN L D,CUOMO K M,PIOU J E,et al.Multisensor fusion processing for enhanced radar imaging［R］.Lincoln Laboratory,Massachusetts Institution Technology,Lexington,MA,Technical Report 1056,2000.

［72］ 王成.雷达信号层融合成像技术研究［D］.长沙:国防科学技术大学,2006.

［73］ LIU C L,HE F,GAO X Z.A novel coherent compensation method for multiple radar signal fusion imaging［C］//Asian-Pacific Conference on Synthetic Aperture Radar,Xi'an,China,2009:286-289.

［74］ 邹永强,高勋章,黎湘.低信噪比下多频段雷达数据高精度相参配准［J］.系统工程与电子技术,2015,37(1):48-54.

［75］ 田彪,刘洋,徐世友,等.基于几何绕射理论模型高精度参数估计的多频带合成成像［J］.电子与信息学报,2013,35(7):1532-1539.

［76］ 邹永强,高勋章,黎湘.基于矩阵束的多波段雷达信号高精度融合成像算法［J］.系统工程与电子技术,2016,38(5):1017-1024.

［77］ XIONG D,WANG J L,ZHAO L Z,et al.Sub-band mutual-coherence compensation in multiband fusion ISAR imaging［J］.IET radar,sonar and navigation,2019,13(7):1056-1062.

［78］ 叶钒.基于信号稀疏表示的 ISAR 目标特性增强技术［D］.长沙:国防科学技术大学,2011.

［79］ 邹永强.空间目标多波段 ISAR 融合成像关键技术研究［D］.长沙:国防科学技术大学,2016.

［80］ CUOMO K M,PIOU J E,MAYHAN J T. Ultra-wideband sensor fusion for BMD discrimination［C］//IEEE Radar Conference,Alexandria,USA,2000:31-34.

［81］ MAYHAN J T,BURROWS M L,CUOMO K M,et al.High resolution 3D

"Snapshot" ISAR imaging and feature extraction[J].IEEE transactions on aerospace and electronic systems,2001,37(2):630-641.

[82] HÖGBOM J A.Aperture synthesis with a non-regular distribution of interferometer baselines[J].Astronomy and astrophysics supplements,1974,15:417-426.

[83] DORP P V,EBELING R,HUIZING A G.High resolution radar imaging using coherent multiband processing techniques[C]//IEEE Radar Conference,Alexandria,USA,2010:981-986.

[84] LARSSON E,LI J.Spectral analysis of periodically gapped data[J].IEEE transactions on aerospace and electronic systems,2003,39(3):1089-1097.

[85] STOICA P,LI J,LING J.Missing data recovery via a nonparametric iterative adaptive approach[J].IEEE signal processing letters,2009,16(4):241-244.

[86] 王成,胡卫东,郁文贤.基于非平稳时间序列处理的雷达信号融合[J].信号处理,2005,21(4):338-343.

[87] 马俊涛,高梅国,董健.基于稀疏迭代协方差估计的缺失数据谱分析及时域重建方法[J].电子与信息学报,2016,38(6):1431-1437.

[88] 熊娣,王俊岭,赵莉芝,等.基于酉 ESPRIT 的多频带融合 ISAR 成像[J].电子与信息学报,2019,41(2):285-292.

[89] 杜小勇,胡卫东,郁文贤.基于稀疏成分分析的逆合成孔径雷达成像技术[J].电子学报,2006,34(3):491-495.

[90] 叶钒,何峰,梁甸农,等.基于稀疏贝叶斯学习的多频带雷达信号融合[J].电波科学学报,2010,25(5):990-994.

[91] ZHANG H H,CHEN R S.Coherent processing and superresolution technique of multi-band radar data based on fast sparse Bayesian learning algorithm[J].IEEE transactions on antennas and propagation,2014,62(12):6217-6227.

[92] HU P J,XU S Y,WU W Z,et al.Sparse subband ISAR imaging based on autoregressive model and smooth l_0 algorithm[J].IEEE sensors journal,2018,18(22):9315-9323.

[93] HURST M,MITTRA R.Scattering center analysis via Prony's method[J].IEEE transactions on antennas and propagation,1987,35(8):986-988.

[94] LI T H,KEDEM B.Improving Prony's estimator for multiple frequency estima-

tion by a general method of parametric filtering[C] // IEEE International Conference on Acoustics,Speech,and Signal Processing,Minneapolis,USA, 1993:256-259.

[95] STEEDLY W M,MOSES R L.High resolution exponential modeling of fully polarized radar returns[J].IEEE transactions on aerospace and electronic systems,1991,27(3):459-469.

[96] STEEDLY W M,YING C H J,MOSES R L.Statistical analysis of SVD-based Prony techniques[C] // Asilomar Conference on Signals,Systems and Computers,Pacific Grove,USA,1991:232-236.

[97] SACCHINI J J,STEEDLY W M,MOSES R L.Two-dimensional Prony modeling and parameter estimation[J].IEEE transactions on signal processing, 1992,41(11):3127-3137.

[98] CARRIERE R,MOSES R L.High resolution radar target modeling using a modified Prony estimator[J].IEEE transactions on antennas and propagation, 1992,40(1):13-18.

[99] POTTER L C,CHIANG D,CARRIERE R,et al.A GTD-based parametric model for radar scattering[J].IEEE transactions on antennas and propagation,1995,43(10):1058-1067.

[100] KELLER J B.Geometrical theory of diffraction[J].Journal of the optical society of America,1962,2(52):118-130.

[101] CARRIERE R,POTTER L C,MOSES R L,et al.Radar target modeling:a geometric theory of diffraction(GTD)-based approach[C] // International Society for Optics Engineering and Photonics in Aerospace Sensing,Orlando,USA,1994:1-12.

[102] WANG Y,LING H,CHEN V C.ISAR motion compensation via adaptive joint time-frequency techniques[J].IEEE transactions on aerospace and electronic systems,1998,34(2):670-677.

[103] WANG J,KASILINGAM D.Global range alignment for ISAR[J].IEEE transactions on aerospace and electronic systems,2003,39(1):351-357.

[104] YE W,YEO T S,BAO Z.Weighted least squares estimation of phase errors for SAR/ISAR autofocus[J].IEEE geoscience and remote sensing,1999,37

(5):2487-2494.

[105] ZHU D,WANG L,YU Y,et al.Robust ISAR range alignment via minimizing the entropy of the average range profile[J].IEEE geoscience and remote sensing letters,2009,6(2):204-208.

[106] DALE A A,ADAM K,JACK L M,et al. Developments in radar imaging[J]. IEEE transactions on aerospace and electronic systems,1984,20:363-400.

[107] XING M D,WU R B,LAN J Q,et al.Migration through resolution cell compensation in ISAR imaging[J].IEEE geoscience and remote sensing letters, 2004,1(2):141-144.

[108] 郭宝锋,尚朝轩,王昕,等.空间目标双基地ISAR越多普勒单元徙动校正算法[J].通信学报,2014,35(9):197-206.

[109] 郭宝锋,尚朝轩,王俊岭,等.双基地角时变下的逆合成孔径雷达越分辨单元徙动校正算法[J].物理学报,2014,63(23):416-427.

[110] TROPP J A,STEPHEN J W.Computational methods for sparse solution of linear inverse problems[J].Proceedings of the IEEE,2010,6(98):948-958.

[111] DONOHO D L.Compressed sensing[J].IEEE transactions on information theory,2006,52:1289-1360.

[112] CANDES E.The restricted isometry property and its implications for compressed sensing[J].Comptes rendus mathematique,2008,346(9/10):589-592.

[113] DONOHO D L,TSAIG Y.Extensions of compressed sensing[J].Signal processing,2006,86(3):533-548.

[114] DONOHO D L,ELAD M.Optimally sparse representation in general(nonorthogonal)dictionaries via l^1 minimization[J].Proceedings of the national academy of sciences of the United States of America,2003,100(5):2197-2202.

[115] CHEN S,DONOHO D L,SAUNDCRS M.Atomic decomposition by basis pursuit[J].SIAM review,2001,43(1):129-159.

[116] DAUBECHIES I,DEFRISE M,MOL C D.An iterative thresholding algorithm for linear inverse problems with a sparsity constraint[J].Communications on pure and applied mathematics,2004,57:1413-1457.

[117] FIGUEIREDO M,NOWAK R,WRIGHT S.Gradient projection for sparse reconstruction:application to compressed sensing and other inverse problems [J]. IEEE journal of selected topics in signal processing,2007,1(4):586-597.

[118] MALLAT S,ZHANG Z.Matching pursuits with time-frequency dictionaries [J]. IEEE trans signal process,1993,41(12):3397-3415.

[119] TROPP J A,GILBERT A C.Signal recovery from random measurements via orthogonal matching pursuit[J].IEEE transactions on information theory, 2007,53(12):4655-4666.

[120] NEEDELL D,TROPP J A.COSAMP:iterative signal recovery from incomplete and inaccurate samples[J].Applied and computational harmonic analysis,2009,3(26):301-321.

[121] TIPPING M E.Sparse Bayesian learning and the relevance vector machine [J]. Journal of machine learning research,2001,2(1):211-244.

[122] WIPF D P,RAO B D.Sparse Bayesian learning for basis selection[J].IEEE transactions on signal processing,2004,52(8):2153-2164.

[123] SHUTIN D,BUCHGRABER T,KULKARNI S R,et al.Fast variational sparse Bayesian learning with automatic relevance determination for superimposed [J]. IEEE transactions on signal processing,2011,59(12):6257-6261.

[124] WIPF D P.Bayesian methods for finding sparse representations[D].San Diego:University of California,2006.

[125] 付耀文,张琛,黎湘,等.多波段雷达融合一维超分辨成像技术研究[J]. 自然科学进展,2006,16(10):1310-1316.

[126] BORISON S L,BOWLING S B,CUOMO K M.Super-resolution method for wideband radar[J].Lincoln laboratory journal,1992,5:441-461.

[127] GABRIEL W F.Improved range superresolution via bandwidth extrapolation [C]//Proceedings of the National Radar Conference,Lynnfield,USA,1993: 123-127.

[128] SUN C Y,BAO Z.Super-resolution algorithm for instantaneous ISAR imaging [J]. Electronics letters,2000,36(3):253-255.

[129] HU P J,XU S Y,WU W Z,et al.IAA-based high-resolution ISAR imaging

with small rotational angle[J].IEEE geoscience and remote sensing letters, 2017,14(11):1978-1982.

[130] ZHANG L,XING M D,QIU C W,et al.Achieving higher resolution ISAR imaging with limited pulses via compressed sampling[J].IEEE geoscience and remote sensing letters,2009,6(3):567-571.

[131] GIUSTI E,CATALDO D,BACCI A,et al. ISAR image resolution enhancement:compressive sensing versus state of the art super-resolution techniques [J].IEEE transactions on aerospace and electronic systems,2018,54(4): 1983-1997.

[132] PAN X Y,WANG W,WANG G Y.Sub-Nyquist sampling jamming against ISAR with CS-based HRRP reconstruction[J].IEEE sensors journal,2016, 16(6):1597-1602.

[133] BABACAN S D,MOLINA R,KATSAGGELOS A K.Bayesian compressive sensing using Laplace priors[J].IEEE transactions on image processing, 2010,19(1):53-63.

[134] ZHANG S H,LIU Y X,LI X,et al.Variational Bayesian sparse signal recovery with LSM prior[J].IEEE access,2017,5:26690-26702.

[135] 王成,胡卫东,杜小勇,等.稀疏子带的多频段雷达信号融合超分辨距离成像[J].电子学报,2006,34(6):985-990.